人生顺遂

九

人生剧本

如何活出你想要的人生

姜美伊◎著

中国商业出版社

图书在版编目（CIP）数据

人生剧本：如何活出你想要的人生 / 姜美伊著. --
北京：中国商业出版社，2024.1
　　ISBN 978-7-5208-2727-0

Ⅰ．①人… Ⅱ．①姜… Ⅲ．①人生哲学－通俗读物
Ⅳ．①B821-49

中国国家版本馆CIP数据核字(2023)第230014号

责任编辑：石胜利
策划编辑：王　彦

中国商业出版社出版发行

（www.zgsycb.com　100053　北京广安门内报国寺1号）

总编室：010-63180647　编辑室：010-63033100

发行部：010-83120835/8286

新华书店经销

廊坊市佳艺印务有限公司印刷

*

787毫米×1092毫米　32开　8.5印张　230千字

2024年1月第1版　2024年1月第1次印刷

定价：149.00元

*　*　*

（如有印装质量问题可更换）

作者简介

姜美伊（尤尤）

心灵成长畅销书作家
心理咨询师
中国传统文化研习者
心理教育公司创始人

尤尤老师出生于传统文化世家，自幼跟随长辈修习传统文化，大学创业时进入心理咨询行业。她将中国传统文化与心理学相结合，创造了一套独有的知识体系。

大学毕业后尤尤老师来深圳创办了自己的心理教育公司，咨询个案上万，学员十万多。著有心理学畅销书《学得会的好运气》。"人格能量"和"人生剧本"理论，是尤尤老师从上万人的真实案例背后，凝结出来的对人生百态解读的精华。在过去的十年里，她在心理学领域不断深耕，训练出数千名疗愈师，并带领团队用深入浅出的心理学知识帮助更多人获得幸福与成功。

自 序
一个在生活中修心的人

同学你好，我是尤尤老师。很高兴你能开始阅读这本书。这是一本关于心理学与人类智慧的书籍，以科学的方式揭示我们人生中的种种因果。人的意识思维是复杂的，所以我会尽量以生动易懂的方式向你缓缓展开《人生剧本》的长卷。

翻开此书的你，一定是个喜欢深度思考、对生命充满好奇的人。小时候的我也是一个对世界有诸多疑问的人：世上有灵魂吗？命运是由什么决定的？是否有不在我们接受范围内却又真实存在的事物？

比起看得见的已知，我更好奇看不见的未知。

从幼时开始，我就时常待在爷爷的书房中，因家学渊源的关系，12岁开始我就跟随爷爷学习传统文化知识，了解中国文化背后蕴藏的宇宙规律演变的智慧。

还不止于此，从心理学、国学，到东西方神秘学……只要有关于探索内在世界和精神维度的所有知识，都深深地吸引着我。而这一类知识在我这里仿佛有了生命一般，可以快速融会贯通、举一反三，好像原本就被封存在记忆里，只是等待时机唤醒一般。

幸运的是我出生在一个思想多元且包容的家庭里，在我们家族中有很多道教信仰者，同时我父亲又是一个坚定的唯物主义者，一切都要讲逻辑和原理。在这样的家庭氛围下，我接受了很多精神层面的文化熏陶，也培养起了辩证思维的能力和科学实证的精神，进修了心理学硕士，学习了国际前沿的超个人心理学理论。

从大学开始咨询事业，到建立众妙学堂，我的身份角色在不断转换，但所有角色之上的初心和责任，却从未改变。数年来不曾间断的咨询生涯，带给我的不仅仅是数以万计的案例经验，更是让我快速阅览了人生百态。

而在一次又一次的理论推演、课程打磨中，我又进一步论证了人的心理能量和思维模式的不同，会造就完全不同的人生际遇。

基于此，我推导总结出了"人格能量"理论，这是我独创的心理调节方法。它能让人快速判断自己或他人所处的能量层级，透过人格能量觉知自己当下的状态，还能为人生改变提供清晰可行的路径。在人格能量7个等级的侧写中，我也得出一个重要结论，那就是：大多数人不是缺能力，而是缺能量。

这背后的底层原因，都是我们生命维度的不同剧本所致。但这其中蕴含的要义，又岂非三言两语能言明？为了能够厘清这之间的关联，帮助更多人能够摆脱自我的局限性，我认为必须要有一套完整的方法论。这也是我写这本书的初衷和动力所在。

于是，我开始专注于每一堂课后的梳理和总结，开始在不同的个案中发掘痛点和难点，留下了大量近乎繁杂的文字记录。时间久了，不知不觉攒下的内容也被渐渐理顺了，于是就有了这本《人生剧本》。

如你所见，这本书的重点正是介绍人生剧本的自我剧本、财富事业剧本、人际情感剧本。这已经包含了我们人生中大部分的难题，当你透过自己人生剧本的多个层面，终于看清自我问题的本质时，你会发现生活中的大多数难题，都能伴随你认知的提升而迎刃而解，你也会在人格能量不断充盈的过程中，明晰很多问题，活得更通透释然。

这也正是我所说的，修行的意义：在生活中照见自我，从自我中提取能量，再去点亮更多人。修行不是某个特殊的契机，它在于人生每一个时刻所生发的洞察和感悟。你感受到了、参与进去了，属于你的修行就会由此展开。

帮助更多人提升内心能量，不仅是一份责任，更是一种荣誉。我希望同学们都能认识到这一点，沿着这条路径，一步一步地提升自我，进而帮助更多人提升人格能量，从一团火到一束光，去照亮更多人的内心世界。

我亦希望本书能成为你攀登人生的阶梯，带你走出山林，越过河流，抵达心灵腹地，遇见更好的自己。如果你有所收获，也请将本书作为"爱的礼物"分享给你关心的人，带给他人祝福。

人生漫漫，凡尘修行即是修心。当你翻开这本书的扉页，既是你我遇见的开始，也是凡尘修心的开始。

预祝读完这本书的你，能够破除人生的迷雾，收获人生的真知，谱写自己最精彩的《人生剧本》。

完整的《人生剧本》原有健康剧本内容，因涉及医学理论，书中不作具体论述。为了方便同学们理解，书中额外增设一章人格能量的内容概述。如果想解锁完整版，可以进入课堂学习。

姜美伊（尤尤）
2023年9月于深圳

目 录

第一篇
开启人生修心模式 / 1

人生是一场漫长的修行 / 3
灵魂的完善——修行的目的与归宿 / 7
在生活中修行——无处不在的修行机会 / 10
链接高维度——你的能量超乎你想象 / 13
生命的修炼——开启人生修行模式 / 15

第二篇
人格能量：命运的底层逻辑 / 19

人格能量总论 / 20
　◎人格能量原理 / 21
　◎人格能量概述 / 23
　◎第一级：无望者 / 25
　◎第二级：渴求者 / 27

◎第三级：独立者 / 29

◎第四级：辩证者 / 30

◎第五级：开创者 / 32

◎第六级：仁爱者 / 34

◎第七级：觉醒者 / 36

人格能量与人生剧本 / 38

◎分享人格能量理论的初心 / 40

◎分享人格能量理论的目标 42

第三篇
潜入意识深处，看见人生剧本 / 45

揭秘人生——人生剧本的真相与内涵 / 46

生命图谱——人生剧本原理 / 50

源起于心——人生剧本的形成剖析 /55

◎先天性格 / 56

◎家庭环境 / 57

◎教育经历 / 60

◎生活经历 / 62

◎视野与认知 / 63

第四篇

自我剧本：回归本心，与自己和解 / 67

自我剧本的认知 / 68

自我剧本的类型 / 72

◎ 自我迷茫剧本 / 72

◎ 自我指责剧本 / 76

◎ 自我恐惧剧本 / 79

◎ 自我不被爱剧本 / 81

◎ 自我叛逆剧本 /83

◎ 自我矛盾剧本 / 85

◎ 自我比较剧本 / 87

◎ 自我孤独剧本 / 99

◎ 自我控制狂剧本 / 91

◎ 自我讨好剧本 / 93

案例分析 / 95

第五篇

情感剧本：获得被滋养的幸福关系 / 99

情感剧本的认知 / 100

◎ 如何与自己相处 / 103

◎ 如何与外界环境相处 / 104

◎ 如何与亲密者相处 / 106

情感剧本的类型 / 109
　　◎ 感情恐惧剧本 / 109
　　◎ 感情孤独剧本 / 113
　　◎ 感情渴求剧本 / 116
　　◎ 感情背叛剧本 / 118
　　◎ 感情嫌弃剧本 / 121
　　◎ 感情控制剧本 / 123
　　◎ 感情受伤剧本 / 125
　　◎ 感情奉献剧本 / 128
　　◎ 感情透明剧本 / 132
　　◎ 感情独立剧本 / 134

案例分析 / 139

第六篇
财富剧本：用丰盛的内心创造财富 / 143

财富剧本的认知 / 145
　　◎ 阻断天赋的"杀手" / 146
　　◎ 如何找到自己的天赋和梦想 / 151
　　◎ 十条富有思维 / 151

财富剧本的类型 / 129
　　◎ 金钱万能剧本 / 129
　　◎ 金钱万恶剧本 / 162
　　◎ 金钱恐惧剧本 / 164

◎ 金钱麻烦剧本 /167

◎ 金钱茫然剧本 /170

◎ 金钱不易剧本 /172

◎ 金钱节省剧本 /174

◎ 金钱消费剧本 /176

◎ 金钱第一剧本 /177

◎ 金钱不配得剧本 /179

案例分析 /181

第七篇
成为自己的疗愈师 /185

世界的真相，疗愈的本质 /186

◎ 精神状态与身体健康 /187

◎ 思想的本质 /189

◎ 人与人交往的本质 /190

◎ 疗愈的本质 /194

疗愈自己，善待自己 /196

◎ 转念，就是疗愈 /198

◎ 转念，就会遇到更好的自己 /200

◎ 转念，能够看到不同的风景 /202

如何成为一名合格的疗愈师 /205

◎ 疗愈自己，也能疗愈别人 /205

◎ 疗愈内心，也能疗愈全世界 /207

第八篇
学习心得摘录：见证彼此成长的路 /213

我们都是一道光，照亮自己，也点亮别人 /214

被一束明亮的光束照亮 /218

重启人生路 /222

当自己不能解决问题时，伸手自救 /225

无法改变过去，却能重新定义未来 /227

让花成花，让树成树，让自己做回自己 /231

回归内心，找到内心的静与慧 /236

拥有"爱自己的能力"和"爱他人的能力" /239

破除我执，学会臣服 /244

唤醒心灵，找到自己 /247

后记 每个人的修行之路 /251

第一篇

开启人生修心模式

人生，应当是活出真我，而非活在他人的期待中。然而，许多人深陷无尽的疲倦，一年四季，从未停歇，追逐的只是他人眼中的成功形象。这样的生活，只是将自己的人生摆在他人的人生轨迹上，他们早已忘记了自己本来的模样，本来的追求，忘记了"我本该是什么样子"，忘记了个体的真实，忘记了生命的独特。从现在开始，开启修心模式，觉察真实的自己，打开属于自己生命的开关。

人生这场漫长而浩大的修行可谓精彩万千，这一路风景让人为之倾倒。回顾自己的过往，是感叹人生苦短，道阻且长，还是感慨时光匆匆，回味无穷呢？其实人生的差异并非源于外界的差别，而是心智的不同。衡量人生长短的不是时间，而是思想与行动。

人生的意义不是走多远的路，而是每一步都是自己真实的选择。有些人面对惊涛骇浪依然能毅然前行，有些人因为生活重担而困于原地，不同的心智与思维决定了不同的未来，又何必把自己选择的结局推脱给命运呢？

第一篇　开启人生修心模式

人生是一场漫长的修行

人生在世，修行无止，人生就是一场漫长的修行。虽然路途多样，但每一条都是属于自己的修行之路。修行不是一种行为，而是一种人生体验，人生经历。所以修行不在寺庙中，也不在所谓的"清净之地"，它在我们的心中，在我们的生活中。修行的意义就是回归内心，回归真实的自己。如果我们能够在生活中保持修行的心态，那我们就可以在任何时候、任何地方去体验生活的真谛。

信念的力量是无比强大的，一个微小的念头，就可能决定你是在天堂，还是在地狱。

在我们的生活中，每一刻，我们都在作出选择，而这些选择都在塑造我们的生命，都在决定我们的命运。如果我们能够明白这个道理，那我们就可以通过修行来改变我们的生命。

人生如梦，梦如人生。在这场梦中，我们会遇到各种各样的事情，有些是美好的，有些是困难的，但无论遇到什么，我们都不能放弃修行。因为修行，就是我们对生命的最高敬意，是我们对自我本质的认知，是我们对生命的启示。

当我们深入修行时会发现，修行不是一种艰苦的追求，而是一种生活的艺术，是一种人生的智慧。修行就是生活，生活就是修行。无论我们在何处，无论我们做什么，只要有修行的心态，那我们就可以在任何地方，任何时候修行。

没有这种觉悟，人生就容易疲于奔命，容易南辕北辙。我们需要有一颗寻求真理的心，一颗愿意面对真实的心，一颗悦纳生活的心。我们需要勇敢去面对内心的恐惧，生活的困难，以及自我的不完美。需要有决心去接纳我们的过去、现在和未来。如此我们才能够真正开启自己的修行之旅，而不是在人生之路上盲目前行。

修行的过程，就是一个不断探索和认识自我内在的过程。我们需要自己在每一刻都充满了感激和爱，无论面对什么，遇到什么，都能用感恩的心去接纳，用爱心去体验。我们也需要有一颗敬畏生命的心，有一颗敬畏自然的心，有一颗敬畏宇宙的心。因为敬畏，是我们理解生命的方式，是我们领悟宇宙的方式。

修行并不需要我们刻意地去追求什么，也不需要我们刻意地去避开什么。修行的本质，就是让我们接纳生命的一切，接纳自我内在的一切。当我们真正地接纳了生命，接纳了自己，那我们就能够在生活中找到真正的自由。

在修行的过程中，我经常告诉学员，先学会倾听自己内心的声

第一篇 开启人生修心模式

音,学会倾听生命的声音,学会放下自我,放下执念,放下期待,放下恐惧。因为放下,就是一种释放,一种解脱,是一种向生命的深处靠近的方式。

修行的过程,也是一个不断提升自己人格能量的过程。我们的人格能量,就是我们内在的力量,它代表了我们的真实自我,代表了我们的潜力和可能性。当我们提升了自己的人格能量,那我们就能够更好地面对生活,更好地应对挑战,更好地实现自己的理想和目标。

在修行的道路上,最初我们都是学生,渐渐会成长为导师。我在不断的付出与收获中认识了这一修行的本质。因为在修行的道路上,给予和接受,教导和学习都是一体的。我所学到的,所感悟到的,更多源自我的给予,而不是我的收获。

修行是一种生命的觉醒,是我们从无知走向智慧,从困扰走向解脱,从苦难走向幸福的过程。每一刻的觉醒,都是我们生命的璀璨,都是我们自我成长的见证。每一步的前行,都使我们离真实的自我更近一步,离真实的生命更近一步。

我们都是生命的舞者,都是宇宙的旅者。我们在生命的舞台上,以自己独特的方式,舞动着自己的人生。

修行的道路,是一条无尽的道路,是一个无止境的旅程。在修行的道路上,我们永远都在成长,永远都在学习,永远都在领悟。

因为生命本身,就是一种无尽的成长,一种无止境的学习,一种无边界的创造。

作为生命的一部分,我们都有责任去修行,去领悟,去发现,去觉醒,去创造,而且我们都有能力去展现自己的潜力,去实现自己的可能,去创造自己的未来。只要我们愿意,只要我们用心,我们就能够在修行的道路上,找到属于自己的路,找到属于自己的真理,找到属于自己的幸福。

修行的真谛,并不在于我们怎样去修行,而在于我们明白为什么去修行。当我们明白了为什么去修行及修行的意义,那我们就能够真正地去修行,真正地去领悟生命,真正地去理解自我。

人生是一场漫长的修行,既然身在其中,就不要只做一名过客。千帆历尽,向心而行,正是人生修行的正确方式,也是获得最佳修行体验的正确方式。回首过往,展望未来,对比自己的内心,你需要改变的,只有内心的能量而已。

灵魂的完善——修行的目的与归宿

灵魂的完善，并非指向某种超脱的境地，亦不寻求某种超凡力量。反而，灵魂的完善，是对最初、最真实、最纯粹的自我的回归。

修行的过程，便是一场去杂归真的旅行。在这趟旅程上，面对自我、审视自我、认识自我，都成了必经之路。从这一切开始，逐步剥去表象、去除非我之物，让真我重新呈现于世。

当这个过程圆满结束，人便达到了灵魂的完善。生命如同新生，与之相伴的是更加和谐的氛围，更加宁静的内心。美好的世界如初见般展现在眼前，存在本身也因此充满意义。这一切，源自找回那个真实的、完整的、纯粹的自我。

在此途中，困难与挫折可能会阻挡前进的脚步，但只要坚持，便一定能够抵达彼岸。这个目标并非遥不可及，它始终在心中，等待着被唤醒。

修行的目的，宛如磁针指向灵魂。修行的归宿，便是回归那个真实的、完整的、纯粹的自我。这是每一个修行者所追寻的，也是每一个修行者都可以触及的。

完善的灵魂是寻找自我,但同样是一种无我之境。在这个状态中,我们不再仅仅关注自我,而是真诚地为他人、为世界而活。我们将不再追求个人的幸福和成功,而是投身于服务他人,实现他人的幸福和成功。在这个过程中,我们自然而然地经历了无尽的快乐,因为我们看到了自己的价值得以实现,看到了自己对他人的贡献。

同时,完善的灵魂是一种无畏的精神。无畏并不意味着我们不再担心或害怕,而是说我们有能力去面对并接受这些担忧和恐惧。我们知道,所有的困扰和痛苦,都源自我们对它们的恐惧和拒绝。当我们愿意去面对它们,去接纳它们,我们就已经走在了修行的道路上。

完善的灵魂还是一种平和与喜悦。在修行的道路上,我们会发现一切的困扰和痛苦,都是源于我们对世界的误解和对自我的认知不清。当我们开始真正地了解世界,了解自我,我们就能真正地体验到生活的平和与喜悦。这种平和与喜悦,不是源于外在的条件,而是源于内在的清明和洞察。

修行的最终归宿,也是灵魂的完善。每一个修行者,都是在走向这个终极目标。而修行的道路,就是这个过程的体验和享受。那些看似平凡的生活,那些看似普通的行为,都在推动我们走向这个目标。只有在这个过程中,我们才能真正地感受到生命的意义和价值。

修行的目的和归宿，就是去感受那份与众不同的内心喜悦，去体验那份真实、直接、无条件的爱。这种爱是无所求的，它只是自然而然地流淌出来的，就像阳光照亮大地，就像雨水滋润万物。这是一种无法用言语描述的感觉，只有真正经历过的人，才能体验到它的美妙。

灵魂的完善也意味着无拘无束的自由。这种自由不仅仅是对外在的自由，更是对内在的自由。当我们去除了对名利、对地位、对物质的执着，我们就得到了真正的自由。这种自由使我们能够随心所欲地活动，使我们能够真正地做自己，而不是做别人眼中的自己。这是修行的最终目的，也是修行的最高境界。

在生活中修行——无处不在的修行机会

每一天都是修行的好时机，无论我们过着怎样的生活，无论我们在做着什么，这场马拉松式的修行始终都在。修行的机会无处不在，它潜藏在我们的日常生活里。每一次我们的呼吸之间，每一次我们心动的瞬间，都是我们修行的时刻。

我们每天都在与他人交往，每天都在完成各种工作和任务，这些都是修行的机会。比如每一次与他人的交往，都能够触动我们的心灵。我们可以在交往中学习倾听，学习理解，学习接纳，学习爱；我们可以在交往中发现我们的优点和缺点，从而提升我们的人格能量。每一次的工作和任务，都是一次磨炼我们意志和能力的机会。我们可以在工作中学习专注，学习坚持，学习创新，学习分享，从而提升我们的技能和素质。

每一次的呼吸，都是一次观察和感知自己的机会。我们可以在呼吸中感知自己的身体，感知自己的情绪，感知自己的思维；我们可以在呼吸中学习放松，学习接纳，学习静观；我们可以在呼吸中提升我们的身心健康，可以在呼吸中提升我们的生活质量。

　　心动是生活的乐趣，也是修行的动力。每一次的心动，都是一次追求和实现梦想的机会。我们可以在心动中发现自己的热情和梦想，在心动中发现我们的价值和意义；可以在行动中学习勇敢，学习坚持，学习创新，学习分享；可以在心动中提升我们的生活质量和人生价值。

　　细微至小的日常生活中，或许在平常人看来无足轻重，然而在修行者的眼中，都是修炼自我，提升人格能量的机会。哪怕是一次平淡的日常交谈，也可以成为我们修行的媒介，用仁爱的心态去倾听，去理解，用真诚的心去交流，去连接。每一个细小的行动，每一个微不足道的决定，都蕴含着深深的修行之意。

　　每一次的呼吸，不仅仅是生命的标志，更是一种无声的修行。我们通过呼吸，感知生命的节奏，理解生命的真谛。静静地闭上眼睛，感受呼吸的流动，这是最简单，却也最直接的修行方式。在这个过程中，我们可以悄悄地观照自己的内心，体验内心的宁静，享受生命的和谐。通过呼吸的修行，我们可以更深刻地认识到自己的存在，更加珍视生命的每一刻。

　　修行并不是只有在寺庙或者山林之间，人生本身，就是一场漫长的修行。在这场修行中，我们会经历各种各样的挑战和困难，但是，只要我们保持仁爱的心态，始终坚信每一个人都是独一无二的存在，那么，我们就可以找到无尽的修行机会。在这个过程中，我们的灵魂将不断地得到洗礼和磨砺，最终实现真正的完善。

无论我们身处何处，在做什么，都有无数的修行机会在等待着我们。每一次的挑战，每一次的困难，都是修行的机会，都是灵魂得到洗礼的机会。我们只要以仁爱的心态去面对生活，以修行的心态去迎接挑战，我们就会发现，生活本身，就是一场漫长的修行。

链接高维度——你的能量超乎你想象

在修行的过程中，链接高维度是我们追求的一个重要目标。它代表我们对自身潜力的深度探索和挖掘。在链接高维度的过程中，我们并非讨论某种超凡的境界，而是追求一种自我超越的能力，对自身无限潜力的唤醒和实践。

为什么要链接高维度？因为这不仅是一种自我突破的手段，也是一种激发我们内在潜力的工具。在高维度空间中，我们可以突破自己的极限，体验那些超越日常认知与体验的更大可能。这一过程当然充满了考验，但正是这些考验塑造了我们更加坚忍的意志。

链接高维度，同样是一种自我觉醒，它提醒我们要从更宏观的视角看待生活和世界。在这个视角中，我们不再局限于小我，而可以觉察到生命的浩渺，体验到自身与宇宙的深厚连接。这种连接能使我们的意识得到升华，激发我们深藏的巨大潜力。在当代社会中，我们常常受限于物质和表象，限制了自身的一些可能性。然而，每个人的内心都有一股力量，期待着挑战、突破，期待着探索更高维度的自我。而链接高维度的过程，正是我们挖掘这种力量，激发自身无限潜能的开始。

为了链接高维度，我们需要持续地自我觉照、自我突破。这不仅仅是将其视为修行的一个环节，它更是我们应该具备的一种生活态度。每一次超越自己的限制，每一次尝试新的挑战，每一次勇敢地追求自己的梦想，我们都在激发自己的潜能，都在向高维度迈进。

链接高维度的过程充满了不确定和未知，但这正是它吸引人的地方。它需要我们的坚持和决心，需要我们不断地探索和实践，需要我们用行动去证明自己的潜力。这是一场持续的挑战，也是一次次自我突破的机会。尽管这个过程可能充满了困难，但只有通过不断的自我突破，我们才能真正地激发自己的潜力，链接高维度。

通过链接高维度，我们能更加明确地认识到自己的价值和潜力。这种认知不仅能帮助我们面对生活的各种挑战，更使我们在每一个困境中都能看到成长的机会，激发出更大的动力去超越自我。

总之，链接高维度，是我们自我发展的一个重要途径。在这个过程中，我们需要用仁爱的心态去面对生活，用修行的心态去迎接挑战，用我们的自我救赎的力量去战胜困难。只有这样，我们才能真正地链接高维度，实现我们自身的不断完善。

生命的修炼——开启人生修行模式

我们的每一次呼吸,每一个动作,每一个思考,都是修行的一部分。在日常生活中,我们常常会面临各种问题和挑战,这些问题,这些挑战,都需要我们以修行的态度去面对。

当我们面临问题时,不要抱怨,不要抗拒,而是应该接受,因为一切问题的根本都源自我们的人格能量。我们陷入的每一个人生剧本,自己才是作者。

我们也可以把生活的问题与磨难,视为修行的礼物,这样我们才有机会去学习,去成长。

修行并非一蹴而就的事情,它需要我们的持久和坚韧。在生活中,我们需要不断地修行,不断地学习,不断地超越自我。要知道,生命的修炼就是我们不断地挑战,不断地超越,最终实现自我救赎的过程。

"人生剧本"是我们的生活模式,是我们的行为模式,是我们的思考模式。我们每个人都有自己的"人生剧本",在这个剧本中,我们扮演着自己的角色，按照剧本的设定，进行着自己的生活。

我们能发现，一些人陷入了固定的"人生剧本"，在这个剧本中不断重复着相同的生活，体验着相同的痛苦，跳出这种轮回正是我们修行的目的，也是我们修行的结果。

修行就是为了看清"人生剧本"，跳出"人生剧本"，掌握"人生剧本"。当我们开始修行时，我们开始观照自我，开始反思我们的生活模式，我们的行为模式，使我们的人格能量得以清晰。我们开始明白，原来我们的"人生剧本"并非固定不变的，我们可以改变它，可以重新编写它。

当我们看清了自己的"人生剧本"，我们就能看清自己的生活模式，就能看清自己的行为模式，就能看清自己的思考模式。这是一个开启人生修行模式的重要步骤。只有看清了自己的"人生剧本"，我们才能真正地开始修行，才能真正地跳出轮回，才能真正地实现自我救赎。

看清"人生剧本"，我们就能够以更清醒的态度面对生活的挑战，就能够以更从容的态度应对生活的变化。我们将不再被自己的"人生剧本"束缚，而是能够掌握自己的"人生剧本"，能够根据自己的意愿，重新编写自己的生活。

在此过程中，我们的生命将得到不断的提升，我们的灵魂将得到不断的完善，我们的生活将得到不断的提高。这就是修行的力量,这就是生命的修炼。

生命修炼的实质正是开启人生的修行模式,意识到并洞察自己的"人生剧本",从而达到真正的自我救赎。对大多数人而言,每天遵循相似的生活模式,面对同样的问题,享受相似的快乐,但也忍受着重复的痛苦。人生仿佛是一部重复放映的电影,内容一成不变。这样的生活,虽然稳定,但缺少了深度和宽度。

然而,当我们开启修行模式时,我们的人生便不再满足于固有模式,我们的生活、行为和思考模式就会进行深入反思。每一次的挑战、每一次的困难、每一次的磨砺都会成为推动成长的动力。我们会逐渐明白,修行不仅仅是对自己的提升,更是一种对生命深度的挖掘。

开启修行模式后我们能更好地认识自己,明白自己真正的需求和追求。随之,我们对生活的态度发生质的变化,从被动应对变为主动出击。每一次的经历,无论好坏,都会成为我们成长的养分。

更重要的是,修行能使我们不断超越自我,不再被固有的"人生剧本"所限,使我们有能力重新编织自己的生命故事,让它更加丰富、多彩。这不仅仅是一种能力的提升,更是一种灵魂的升华。

在修行的旅程中,我们可能会遇到许多困难,但正是这些困难塑造了一个更强大、更有深度的自我。不懂得修行的人或许会在困境中停滞不前,而懂得修行的人,则会利用这些困境作为自我提升的跳板,达到一个更加圆满的境界。

简而言之,修行不仅仅是一种生活方式,更是一种生命态度。它告诉我们,生命的价值不仅仅在于生存,更在于如何活得有深度、有宽度。对于懂得修行的人来说,每一天都是一个新的开始,充满了无限的可能。

尤言心语

信念的力量非常强大,一个小小的念头,就能决定你是在天堂还是地狱。

为真正能让自己感到快乐的事物消费。

回应各种善意,欣然接受,能量也会不断涌入你的内心。

专注投资自己,对每个阶段的自己都有目标和要求,保持不断进步和向上。

打开内心,看见自己,疗愈内在,建立一个自由强大的内心世界。

不把时间花在没有意义的自我消耗和焦虑中,有时间就去付诸行动。

第二篇

人格能量：命运的底层逻辑

人格能量不仅是人生修行的度量衡，更是人生进阶的基石与楼梯，透析人格能量的原理与本质，能够发现改变人生路径的方式方法，了解世界真相与社会底层逻辑，明确为何自己的境遇无法改变，为何他人的运气更胜一筹，之后找到生命崛起的正确方法。

人格能量总论

爱因斯坦的质能方程式已经证明物质就是能量。当代物理学家也通过研究证明，世界上所有的固体都是由粒子组成，粒子保持着不同频率的振动，正是粒子的振动形成了今天的世界。我们的世界可以视为能量体的世界。人类作为世界上存在的高等生命体自然也是如此。

从能量本质出发，人格能量是一种精神力量，是一种能够让人更好地读懂自己和身边的人，拥有更好生活状态的能量。正如柏拉图所说："认识你自己。因为当你充分认识自己时，你就像是拥有了人生地图，可以主动清醒地知道自己要去哪，怎么去。"人格能量除了能帮助人更好地认识自己外，还能帮助人正确认识他人和社会，分辨世界的真假善恶，更好地生活。

人格能量与我们生活的方方面面紧密相关，或者说生活表现、人生状态是人格能量的外在体现。比如有些人会诧异，似乎自己是天生与财富无关，无论如何努力都无法改变自己的财富状况；比如还有一些人会疑惑，自己的感情经历始终不顺，似乎自己只会成为感情中受伤的人。其实导致这些结果的原因，正是不同人格能量形成了不同人生剧本，如果无法提升自己的人格能量，则无法解决自身的根本问题，这样生活品质、人生经历自然无法改善。

◎人格能量原理

生活是一场富有挑战和变数的修行，我们每个人都是修行者。人格能量，是我们修行过程中的一盏明灯，它在我们的人生灰暗无光，或我们迷茫失措时，为我们照亮前行的道路，让我们在人生的每个阶段都有清晰的认知和定位。

研究人格能量的过程中，我借鉴了弗洛伊德的心理能量分析，荣格的人格研究等西方的心理学理论，同时也借鉴了我们传统文化中的精华内容。这些中西方宏大的理论令我获得了巨大启发，并在其中看到了破晓的曙光。但这些内容过于深奥和抽象，无法被大多数人直接应用。我越发清晰地感知自己需要打造一套更符合现代人需求，更贴近生活的理论，让更多人能够直接利用，改变自己的生活能量体系，这也是人格能量的由来。

在人格能量体系中，我们能够具象地看清那些以往无法言说的，无法明确，但左右我们人生的关键因素；能够解释德行高尚的人，思维层次高的人，他们的优越性到底来自何处？又是什么造就了大千世界形形色色的人群，造就了不同人的人生差异。

人格能量，是内心的明灯，是底层的逻辑，是世界的底色，能让我们看清自我，理解他人，明了世界。在了解人格能量的过程中，我们都将找到前行的力量。

打造完人格能量的理论体系后，我花费了很多时间印证它的实用性。通过真实应用，我发现每个人的人格能量层次都与生活状态、人生境界密切相关。而其中的秘密，恰好隐藏在我们每个人的日常生活中，只是大部分人未曾意识到而已。

假设一个人是渴求者，他的生活可能充满了无尽的抱怨和痛苦，他无法理解为何他的生活总是充满挫折，为何那些他看似普通的人却能在生活中获得成功和幸福。这正是因为他的人格能量处在较低的层次，他的视角和思维模式限制了他看到生活的全貌。在他的世界里，他只能看到他自身的痛苦，他看不见更广阔的世界，看不见那些比他更高层次的人的智慧和勇气。

但是，当我们引入人格能量理论，一切都开始变得清晰。人格能量像一把明亮的尺子，为我们量度了世界与人生的尺度。我们开始理解，那些在事业上取得了巨大成功的开创者，他们的人格能量如何影响他们的决策和行动；开始明白，那些无私奉献、乐于助人的仁爱者，他们的人格能量如何塑造他们的人生观和价值观；我们开始感悟，那些享有幸福婚姻和人际关系的辩证者，他们的人格能量是如何带领他们解决人生的困扰的。

此后，我们便能够明辨人生，认识到所谓的德，所谓的智慧，所谓的成功，其本质上都是人格能量的表现。那些人格能量高的人，他们的每个思想，每个行动，都会充满力量，都会赢得他人的尊敬。因为他们的人格能量，已经超越了他人，成为一种深深影响他们生活的内在力量。

◎人格能量概述

现在，我来讲解下人格能量体系。在人格能量体系中，我把人的意识成绩按照从低到高的顺序分为了七级，分别是：无望者、渴求者、独立者、辩证者、开创者、仁爱者、觉醒者，如图1–1所示。

人格能量体系
—— 生活、事业、感情，处处可用的思维模型 ——

金字塔由下至上的层级：

- **无望者**：自卑孤僻，心情低落，觉得人生没有意义。（负能量）
- **渴求者**：内心缺乏安全感，渴望拥有更多，怕失控，难以满足。（负能量）
- **独立者**：自给自足，有能力，自尊心强，需要外界的认同。（正能量）
- **辩证者**：人生中不再有坏事，所有事情都能正反两面看待，内心宁静，不受外界影响。（正能量）
- **开创者**：领袖气质，具有高智慧和高成就，一般是成功的企业家、政治家、诺贝尔获奖者。（正能量）
- **仁爱者**：超越世俗羁绊，心生仁爱，不为个人利益。（精神领袖）
- **开悟者**：创造人类精神模式。（精神领袖）

各层级对应情绪关键词：自责、孤单、消极；恐惧、欲望、指责、怨恨；自卑、勇气、竞争、骄傲；谦逊、包容、自信、真诚；幸福、创造、感恩、成就；宽恕、喜悦、宁静、同情；开悟、觉醒。

图1-1 人格能量的七个层级

我相信通过对这些级别的详细分析，同学们能够看清自己潜意识的想法，认识到真正的自己，再通过调整潜意识达到更好的人生状态。

◎第一级：无望者

无望者的世界是一片阴郁的乌云，似乎被永恒的黑暗所笼罩，

第二篇 人格能量：命运的底层逻辑

他们的人生信条如同一个凄凉的回音：无望，无力，一无是处。

处于这一人格能量层级的人生活中充满自我否定，时常感到悲伤，认为生命无望。他们的内心充满了苦涩和挫败，仿佛生活只是一场永无尽头的痛苦；他们的潜意识中觉得自己不配得到生活的眷顾，甚至认为自己不应该活在这个世界上。人生对他们而言似乎是一种无法承受的负担，一个没有目的、没有意义的空洞。

我遇到过很多无望者，他们有时会变得极端，甚至残忍和偏执，渴望用折磨自己和折磨他人的方式来证明自己的存在。他们在思维上存在一种误区，这就是他们认为自己生活悲惨是因为运气不佳，缺乏金钱、人脉以及各种资源，而事实上他们真正缺乏的是获取这一切的人格能量。

无望者如同在人生道路上迷失了方向，沉浸在自我否定和负面情绪中抱怨外在的一切，而无法看到自身的不足与世界的真实逻辑。

另外，无望者自我感知极其自卑，他们认为自己不够好，不够美，不够健康，没有天赋，缺乏关注，人生总是事与愿违。他们找不到生命的意义、存在的意义，找不到人生使命。他们会推开别人的关爱，拒绝接纳自己，会把负面情绪投射到身边的人和环境上，让众人远离自己。

总体而言，无望者的生活像是一场悲剧，他们身心处于亚健康状态，常常沉溺于负面情绪，而忽视了生活中的美好和可能。

在财富上无望者会认为金钱匮乏，而获取金钱非常困难；在健康上无望者的身心长时间处于亚健康状态，经常会出现暴躁、焦虑、抑郁等情况。而这些精神问题，不仅影响他们的心理健康，也可能引发一些身体疾病。他们的身体如同一个密封的容器，充满了压抑的情绪，这些负面情绪一旦积累到一定程度，就很容易转变为身体的疾病。

在事业方面，无望者习惯逃避现实，不愿意工作，或者被迫做他们不喜欢的工作。他们的事业观念是封闭的，长期把自己困在一个极小的生活空间内，拒绝去接受新的可能性和挑战。他们常常活在过去的失败中，无法走出阴影，不敢思考未来。

在人际关系中，无望者会因为自我否定和负面情绪，让身边抵触、远离，虽然他们极度渴望被理解，被接纳，被关注，但事实上他们却如同一个刺猬，用尖刺保护自己，刺伤他人。

当然，我们也需要明白，虽然无望者的生活充满绝望，但并不代表他们真的毫无希望。只要他们愿意改变，愿意接纳自己，愿意面对生活的挑战，他们就有可能从无望者的状态中走出来，找到生命的意义和方向，体验到生活的美好和可能性。

◎第二级：渴求者

渴求者大多被欲望与恐惧驱使，但生活中充满指责与抱怨，这是一种缺乏安全感的典型表现。他们的生命动力主要是由恐惧和欲望支撑起来的。他们对世界的指责和抱怨似乎无休无止，仿佛他们是这个世界的受害者。这类人十分敏感，容易对贫穷、痛苦、衰老、被抛弃等负面能量产生深深的恐惧，无止境地追求财富、名利与社会地位。为了满足自己的欲望，渴求者可以不择手段，因为欲望和恐惧对他们而言，已经大于生活本身。当欲望无法被满足时他们会怨天尤人，指责命运不公、社会黑暗。这类人看似终日忙碌，但内心极其空虚。

渴求者的生命动力是恐惧和欲望，他们的世界充满了抱怨和指责。

工作不顺利，他们会将责任归咎于同事、老板，甚至社会；感情受挫，他们又会觉得感情仿佛只能带来伤害，而他们是无辜的。他们似乎从未认识到，外在的一切都是自己人格能量的投射。

渴求者的生命动力是恐惧和欲望。遇到问题时，他们的第一反应是指责和抱怨。他们无法设定真实的目标，因此会被无尽的欲望淹没。获得财富之后，他们只会消费和享受，没有长远的规划和使命。

由于缺乏安全感，他们长期伴有各种各样的恐惧心理，如衰老、死亡、贫穷、被抛弃等。因此，他们会无休止地追求金钱、欲望、名利。一旦一个欲望被满足，他们就会追求下一个，这个过程永无止境。

　　在感情中，渴求者怕失去，所以他们敏感多疑，担心在感情中受伤，不断试探伴侣；在人际关系中，他们患得患失，不信任他人，时刻担心自己不被社会认可，时刻带有被抛弃的恐惧。

　　渴求者总是在恐惧和欲望中挣扎，他们害怕失去，但又渴望得到更多。对渴求者而言，获取财富的欲望十分强烈，且贪婪到无止境的地步。他们会牺牲生命中的其他重要事物，如健康、感情等来换取财富。

　　在健康方面，渴求者通常处于亚健康状态，身体时有不适，睡眠质量不高，如果长期处于高压状态，还会感到焦虑。

　　在事业上，渴求者会非常努力地工作，但这并非出自积极向上的初心，而是出自他对贫穷的恐惧。所以他们不敢进行新的尝试和突破，抗拒变化，同时抱怨所得较少。

　　事实上，现代有大多数人处于无望者或渴求者的层级，并在这种生活状态下挣扎。我希望更多人能够开启人格能量的觉知，发现自己的真实状态，认知自己、改变自己，开启更好的生活模式。

第二篇 人格能量：命运的底层逻辑

◎第三级：独立者

独立者具有积极的生活态度，乐于挑战也勇于进取。能够充分把握人生机遇，勇于面对、接受人生的悲欢离合。获得成就会更加积极，但被人否定容易陷入消极态度。这一人群能够在正确的状态下保持人间清醒，也容易被外界因素弱化自身能量。

独立者的显著特征是自信、勇敢、知足，同时也带有骄傲。他们懂得依靠自身力量不断进取，日常生活中表现得非常积极，且有强烈的自尊心。独立者的人生观、价值观非常健康，但同样存在一定的外部依赖性。他们的自信和积极性，很大程度上建立在外界的支持和肯定之上。当他们获得周围人的认可时，他们会显得充满活力和自信。然而，一旦遭遇外界的否定或批评，他们可能会感到沮丧或失落。在追求认可的过程中，如果长时间得不到肯定和支持，他们可能会陷入渴求的状态。而如果连渴求都得不到满足，他们的人格能量可能进一步降级，甚至达到无望的层级。尽管如此，独立者在某些情境下仍具有一定的独立思考和行动能力，只不过他们的稳定性和真正的独立性还有待提高。

从精神需求方面分析，独立者十分享受外界的支持和肯定，一旦遭遇他人的否定独立者会感到十分惭愧，并容易陷入低迷状态。不过独立者懂得自我调节，能够有效摆脱外界影响，进而升级到更高的层次。

在感情方面，独立者需要伴侣的不断支持和肯定。在缺乏伴侣支持时独立者容易产生"只能相信自己，感情不可靠"的思维。在人际关系方面，独立者很容易被无望者或渴求者羡慕，但同级人格能量，以及更高层级的人则能够看到独立者的骄傲与局限。所以独立者的人际关系十分丰富，身边既有能够指点自己的高层级人士，也有崇拜自己的低层级人群。

在财富方面，独立者能够通过自己的努力获得足够的财富，享受惬意的生活，但很难真正大富大贵。

在健康方面，独立者通常处于健康状态，但需要警惕，在长期处于紧张或竞争状态时，可能会因为疲劳过度导致健康状况崩溃。

在事业方面，独立者非常重视工作，他们怀有较强的上进心，对落后存在一定的恐惧感，所以要求自己保持高度自律。

◎第四级：辩证者

辩证者可以视为现代人生活状态的分水岭，达到辩证者级别的人在生活、事业、感情、健康等各个方面都能够表现出独特的优越性，但辩证者自身并没有停滞不前，依然沿着更好的方向，不断向上修行。

第二篇　人格能量：命运的底层逻辑

　　世界的色彩繁多，人生的路径无尽。知之者若辩证者，足下生花。达到这一层级后，我们便能够透析世界运行的发展，真正认知世界的多元与精彩，不再以生活非黑即白的极端思维思考问题，而是以更宽广的视角看待世界。

　　对于辩证者而言，事物没有绝对的对错，没有严格的好坏之分，他们始终抱持着宽广的胸怀和接纳的心态对待世界万物，能够做到海纳百川，有容乃大。

　　他们的生活充满弹性，能够灵活适应环境的变化。当面对困境，他们不会沮丧，而用辩证的思维寻找新的出路，新的机遇。他们接纳生活的无常，既不试图控制他人，也不易被他人所控制。

　　在人际关系中，辩证者不会因他人的成就高低而改变对自己的看法，他们对待每个人都真诚友善，不轻视也不会盲目崇拜。而对待自己，他们能够保持足够的自信和谦逊，不会因为失去而感到不安和恐惧。

　　真正的自信源自谦逊，而非骄傲。辩证者正是如此。他们内心强大，不因得失而动摇。无论在财富、健康还是事业上，辩证者都能保持内心的平和，他们知道，即使失去，也有新的机会在等待。

　　在亲密的关系中，辩证者能够展现足够的尊重和理解，能够看见彼此的本质，理解彼此的思想，共同在感情的路上成长。他们懂得爱与被爱，同样地，他们也能享受独处的宁静。

在爱中彼此成长，如独处时找到内心的宁静。辩证者明了这一切，如同熟知生命的奥秘。对于辩证者而言，财富不只是金钱的堆积，而是能力的体现。他们拥有长远的眼光和丰富的知识，使得自己在任何环境下都能找到生存的方法，实现财富的自由。这种财富不只是物质的，更是精神的。

在健康方面，辩证者知道，生命中的每一次跌倒都是一次学习的机会。他们不会因为挫折而灰心，而是会勇敢地站起来，再次向前。他们明白，健康不仅仅是身体的健康，更是心灵的健康。

在事业方面，即使面临挫折，他们依然能自如地调整策略，灵活应对。他们懂得如何掌握自己的命运，了解事业的变幻无常，而内心始终坚如磐石，无论面对怎样的风雨，他们都能安然走过。

总体而言，辩证者的境界，如同耳顺之年，但其实这个境界和年纪无关，而是和心态有关。心境决定了我们对世界的理解，对生活的态度，以及我们所得到的快乐。而辩证者，真正看到了这个世界的美好，感受到了生活的丰富多彩。

◎第五级：开创者

开创者是这个世界上真正的大师，这里的大师并非指某一领域的成就，而是指他们的心态与状态。正如他们创造并引导着自己的生活，他们深知真正的幸福源自内心，并通过自己的创造不断影响他人和世界。

在开创者的世界中，自我是一切的创造者。他们演绎着自己的人生，踏着内心的旋律，创造着个人的幸福和世界的丰硕。

在亲密的关系中，开创者能够表现出足够的尊重和理解。他们鼓励伴侣成为更好的自己，同时也会对自己的情感负责，不需要依靠他人来提供情绪价值。因为他们深知，情感的价值源自内心，不是外物所能赋予的。

在人际关系中，开创者如同温暖的阳光，照耀着每一个人。他们宽容无私，没有歧视，不与他人对立，不与内心对抗，尊重每一个人，理解每一件事物，因为他们深知，每个人都有其存在的价值和意义。

在财富方面，开创者都可以实现财务自由。不过对他们而言，财富只是自我实现的结果，而不是追求的目标。即使遇到毁灭性的打击，他们也能迅速调整状态，东山再起。

开创者不仅有能力，更有能量。他们的外在物质和成就，只是他们内在能量的显现。这种能量，使他们能够在任何环境中都能找到生存的方式，实现目标。

可以说，开创者是成功者，他们往往是优秀的企业家，或者是顶尖的学者。他们在世界发展中发挥着至关重要的作用，堪称时代的引领者,也是同学们努力升级的目标。但是,达到开创者级别的人也在不断与更多人分享,这一层级并非遥不可及,而是每个人通过修行都可以达到的境界。

在未知的领域,开创者是先行者,他们不会被困难和挫折所阻挡,而是用创新的思维和决心去寻找解决问题的方法。他们知道,每一次的挑战和困难都是自己成长的机会。在开创者的字典里,没有"放弃"两个字。他们视挑战为机会,视困难为成长的催化剂。他们用创新的思维和坚定的决心,打破困境,开创未来。

开创者是长期目标优于短期目标的人。他们理解,真正有价值的事情,往往需要时间和耐心。他们懂得如何有效地规划和利用时间,因为他们知道,时间是最宝贵的资源。

开创者的时间观,像石头雕刻的匠人。他们明白,优质的作品需要时间和耐心,而且他们懂得珍惜时间,有效利用每一刻。

总的来说,开创者是我们个人可以努力达到的最高层级。他们展示了什么是真正的成功,什么是真正的幸福,以及我们如何通过自己的努力来达到这个层级。

◎第六级:仁爱者

在人格能量层级中,仁爱者是一种需要长久修行,同时需要一

第二篇 人格能量：命运的底层逻辑

定的机缘才能够达到的境界。这一层级的人能够长久展现出无私的奉献精神，他们深深理解世界，理解生命的真谛，并致力于世界和平与繁荣，不断地传播广博的大爱。

仁爱者的行为、思维如同阳光一样照耀世界。他们表现出的大爱，不求回报，不分你我，不分种族和信仰，纯粹、无私、宽容，如同大海包容万物，滋养生命。

仁爱者的人生观十分崇高，他们认为世间万物皆为一体。他们能够理解万物的连接关系，明白生命流动的底层逻辑，尊重所有生命的价值，重视对世界的滋养。

他们的人际关系通常表现为无差别的爱和宽恕，能够带给更多人宽容与帮助，所以他们的影响力巨大，不仅存在于当代，更能够影响历史发展。

仁爱者对财富的态度是尊重和感恩。不过在他们眼中，真正的财富不是金钱和物质，而是爱和知识，是帮助他人，是对世界的贡献。在仁爱者的思维中，一个人是否富有不能够用拥有财富的多少衡量，主要看他带给这个世界多少爱和智慧。

仁爱者的健康观念很强，他们会保持身心和谐，保持身体健康。他们明白，只有保持身心和谐，才能保持身体的健康。

在事业方面，他们不是追求个人的成功和地位，而是希望通过自己的工作，帮助更多的人，改变更多人的生活，创造更美好的世界。

达到这一人格能量层级的人往往是不在乎名利,隐于市而传播着大爱的人,这一层级的人能够带给我们真正的温暖,带给我们真正的幸福。

◎第七级:觉醒者

觉醒者代表着人格能量的顶点,是人类意识发展的最高境界。他们不仅仅是个体的典范,更是指引整个人类意识向前的力量。

他们的思维方式、行为模式和感知力量,远远超越了普通人的范畴。觉醒者的理解和认知不是建立在物质世界上,而是对存在、生命和宇宙之间关系的深度洞察。他们追求的不是表面的知识,而是对事物本质的理解。

比如老子,其思想观念超越了自身所处的时代,为后人提供了深入探讨我们存在的意义和人类关系的路径。

觉醒者的存在,不是为了自己,而是为了大众。他们的每一个洞察、每一个发现,都引导我们去理解生命的深度和广度,帮助我们找到自己在这个宇宙中的位置。

"觉醒"并不是指外在的成就或地位,而是一种对生命本质的深刻理解和接受。它是一种超越物质追求的精神境界,代表了个体和整体意识的完美统一。

总之,觉醒者的出现是为了指引时代和社会的发展,引导我们走向更高的认知境界。他们的存在,是对我们的启示,也是对精神追求的终极象征。

关于每个层级的具体分析和对应提升的方法,在我们的人格能量课程中有非常详细的落地实操方法,这里就不再赘述了,也欢迎同学们直接来课堂上与我链接。

人格能量与人生剧本

人格能量和人生剧本的关系,就像数学知识中纵横坐标轴的关系。横坐标和纵坐标都有其独特的意义,它们的交织形成了整个坐标系,使我们能够更加直观、准确、轻松地理解和描绘复杂的数学模型。同样,人格能量和人生剧本也是我们理解和塑造人生的关键组成部分。它们的重要性极其突出,我们必须理解它们是如何互相影响,互相塑造的。

人格能量和人生剧本共同形成了我们的人生网格,塑造了我们的生活模式。人格能量,就像纵坐标,代表着我们内在的动力和能量水平。它是我们处理生活问题和挑战的内在力量。然而,如果我们过度关注这个纵轴,忽视了我们的人生剧本,我们容易陷入"灵性逃避[①]"。这是一种通过过度关注自己的内在状态,而忽视现实生活的问题和挑战的现象。我们会用灵性的修炼和探索,来避免面对痛苦、创伤,以及生活责任。这会导致我们的生活变得混乱

[①] 灵性逃避(spiritual by-passing),最早是由当代美国心理学者约翰·威尔伍德提出的,指的是以灵性观念掩饰、逃避的防卫机制。有这种倾向的人,通常会采用灵性的语言和概念"重新架构"个人面对的问题,以此掩饰压抑和防卫。(摘自百度百科)

和痛苦,影响自身和周围人的幸福和成长。

人生剧本,就像横坐标,代表着我们生活的路径和选择。它是我们在现实生活中遇到的问题和挑战的集合。如果我们只关注这个横坐标,忽视了我们的人格能量,我们可能会陷入生活的死循环,无法彻底解决我们面对的问题和挑战。这会导致我们的生活压力和挫败感不断增加,影响我们的幸福和成长。

可见,理解和平衡人格能量和人生剧本的关系,是我们生活幸福和成长的关键。我们需要同时对人格能量和人生进行关注、修炼,才能够全面增强自己应对生活问题的内在力量。通过人格能量提升,实现人生剧本改写,进而改变自己的生活的路径和选择,重新规划我们人生的走向。

保持人格能量和人生剧本同步平衡修行的三个重点如下。

1.全面修行

我们需要在认知、心理、精神等各个方面进行提升。只有如此我们才能成为一个完整的人,才能真正地理解、塑造自己的生活。我们需要全面地了解和发展自己,才能达到最好的生活状态。

2.在生活中修行

修行并不是指我们需要远离现实生活,而是要在现实生活中时时刻刻努力。生活才是最好的修行舞台，我们需要在生活中实践和理解，进而真正改变和提升自己。在生活中修行，即将理解和智慧应用于日常生活，这才是真正的修行。

3.理论指导修行

修行需要有理论指导，需要量化的方法。我们不能盲目地修行，我们需要理解自己在做什么，为什么这么做，以及这样做的结果是什么。科学的理论指导能够提升我们修行的速度和效果。

这三个修行重点，不仅是我们理解和平衡人格能量和人生剧本的关键，也是我们获得幸福和成长的关键。

◎分享人格能量理论的初心

打造人格能量理论倾注了我无数的心血和思考，为了印证人格能量体系的价值，我付出了很多时间。这个过程，我不为别的，只为发现自己，并能帮到更多人。当我看到自己的心血能够帮助更多人时，我倍感欣慰，同时也更加努力。这不仅是为了帮助更多的人破除生活中的剧本限制，更是为了帮助更多的人能够稳定、顺利地达到辩证者层级，实现真正的自我成长和转变。

我将人格能量体系进行细致的分层并不是目的，而是一种方

第二篇 人格能量：命运的底层逻辑

法，通过这种方法帮助一些人更真切地观察理解生活，更理智地自我审视。我们不要把焦点放在低能量层级的改变之上，忘记了我们的终极目标是不断提升人格能量，去破除各种人生剧本的限制，实现真正的自我成长和幸福。

而辩证者层级，是一个极其重要的转折点。当我们达到这个层级，不再被生活剧本所束缚，可以从更高的视角看待我们的生活，可以从更深的层面理解我们的自我和他人，可以更好地处理我们的情绪和问题，可以更主动地塑造我们的生活。

不过辩证者层级，不是终点，而是开始，是你真正自我成长和转变的开始。

通过几年的努力，我的学员已经超过万人规模。绝大多数人在6个月时间内都可以完成辩证者的蜕变。但达到辩证者层级不是我们的目标，相反这是我们真正修行的开始。从这个层级开始，我们需要进一步提升我们的人格能量，去探索和理解更高的人生境界和智慧，去实现更大的自我成长和转变。

这一过程是无法一蹴而就的，也是无法通过简单的理论指导轻易达成的。这需要长久的修行，需要我们在生活中不断地实践和反思，需要我们在困难和挑战面前坚持不懈，需要我们在对自我认知和理解上不断深化。

我希望有缘的读者，能深入理解这个人格能量理论，能以辩证者层级为起点，在生活中长久地修行，不断提升自己的人格能量，破除生活剧本，实现真正的自我成长和幸福。

◎ 分享人格能量理论的目标

我分享人格能量理论的目标，并不仅局限于帮助大家认知修行，提升自我。我更深远的愿望是希望每一位接触到人格能量、人生剧本理论的人能够成为一颗燎原的火种，去照亮那些还在黑暗中挣扎的人，帮助那些身处低能量层级的人找到向上的力量和方向。

在现实生活中，我们总会遇到一些身处低能量层级的人，他们可能会因为各种各样的原因，陷入了混乱、挣扎、痛苦之中，会感觉到困惑、无助、失望。作为一个理解人格能量理论，拥有高人格能量的人，我们有责任，也有能力去帮助他们。

及时给予对方理解、关怀和支持，帮助他们看清他们所处的人格能量层级，引导他们理解自己的困惑和痛苦，明确找到解决问题的方法和方向，同样是我们提升自我的一种方式。我们可以用包容、接纳和鼓励，帮助他们建立自尊和自信，鼓励他们燃起希望和勇气，走出低能量层级，进入共同修行的道路，这也是人格能量体系应有的价值和作用。

帮助更多人提升人格能量，不仅是一份责任，更是一种荣誉。

因为人格能量理论带给我们的，不仅仅是一种理解人生的方式，更是一种改变自己，改变他人，乃至改变世界的力量。我希望大家都能认识到这一点，只要我们愿意，我们就能沿着这条路径，一步一步地提升更多人的人格能量，从一团火成为一束光，照亮更多人的内心世界。

> **尤言心语**
>
> 　　减少信息输入，给自己留一些安静的独处时间，有助于能量的恢复。
>
> 　　当生活不如意的时候，不去抱怨，不要贪嗔痴念，继续修行就好。
>
> 　　只要信念向上，磁场足够强大，一定会吸引更大的力量，扭转乾坤，越来越好。
>
> 　　当你专心做一件事的时候，就能聚集磁场使自己变得更有力量。
>
> 　　你过的每一种生活，都是与你内在的能量相匹配的外在显化。
>
> 　　想要改变自己，首先要改变自己的心境；想要吸引什么，首先要在内心里拥有什么。

当你真心想要一样东西时,宇宙都会帮你实现。

生命的意义就是修心,去体验人生,活出你的高维生命。

信念是有能量的,它可以创造好运。

当对自己很满意的时候,对自己生活的世界也会很满意。

人只有自知无知,才能永远求知。

世界上只有两件事很重要:你好好活着,和帮助更多的人好好活着。

第三篇

潜入意识深处，看见人生剧本

　　人生，如同一部精心编排的剧本。有些剧本封面华丽，情节跌宕，每一个细节都流露出绚丽之美；有些剧本，则平淡无奇，毫无起伏，想要改写人生的灰白，却发现洛阳纸贵。其实，这并不是命运的不公所致，而是我们的迷茫所致，因为我们才是剧本的作者，人生的点滴皆由自己造就。

揭秘人生——人生剧本的真相与内涵

人生剧本可以视为命运的本质描述。它不仅映画着我们的过去和现在，更是预示着我们的未来。它是生活的蓝图，也是我们选择的轨迹，是很多人穷极一生追求的命运本质。

每个人都有自己的人生剧本，每一个剧本都有它独有的起点和终点，有它自己的走向和转折。人生剧本的价值，在于它能帮助我们认识自己，明白自己，接纳自己，最终改变自己。

人生剧本看似森罗万象，事实上其真相却大道至简。简单来讲，人生剧本就像是我们潜意识编织的一场幻想，它如同一部无声电影，在我们的内心深处播放的同时，指引着我们的人生轨迹按照既定剧情发展。深陷人生剧本的我们，就像一个演员，命运的结局也早已注定。

人生剧本也可以视为我们潜意识对人生的预设，视为潜意识对我们人生的安排。我们的思想、感情、财富、健康，以及我们的人生走向，都在我们的人生剧本中得到了预示。在这部剧本的影响

第三篇 潜入意识深处，看见人生剧本

下，我们不断地在人生舞台上演绎自己的角色。

从科学的角度分析，人生剧本并非单纯局限在潜意识的范畴。它的产生与我们大脑中的神经元连接紧密。简而言之，人生剧本的根本是大脑神经元的连接方式，不同的连接方式决定了不同的思考方式，而思考方式，又进一步影响了我们的人生剧本。这就好像是一个神经回路的一条通向我们内心深处的通道。通过这条通道，我们可以看到我们的思想、情感、决定以及我们的人生走向。所以人生剧本的细节正是由我们大脑中神经元的连接方式而决定。

人生剧本不仅是潜意识的产物，也是大脑神经元连接方式的产物。通过理解并掌控这两个因素，我们就有可能重新编写我们的人生剧本，改变我们的人生轨迹。

通过人生剧本认知，我们能够发现命运本质，从而获得左右命运的能力。然而，我们大多数人都没有意识到这个剧本的存在。更多的是在被剧本主导着前进，在生活中演绎着剧本设定的角色，逐渐忽视了改变剧本的权力。

你有没有产生过这样的思考：为什么自己的人生似乎时常重复相同的情节，经历相同的痛苦和欢乐？这种巧合事实上并非命中注定，而是内在潜意识、我们人生剧本操纵我们的结果。

精神分析学家荣格曾经说过："潜意识正在操控你的人生，而你却称其为命运，当潜意识被呈现，你的命运就已被改写。"这正

是我为大家揭秘人生剧本的目的——感知自己的命运角色,认清当下的人生剧本,让每一个人都成为自己人生剧本的导演。

人的心理活动,如同大海中的冰山。浮在水面之上的只是山尖,也就是我们的意识。我们的意识,只是内在世界的一小部分,占比10%。而在水下隐藏的大部分山体,正是我们的潜意识,占比90%。我们的潜意识,就像大海深处的山体,虽然看不见,但决定着冰山的走向,影响着我们的情感和行为。

潜意识,看似虚无缥缈,却实实在在影响着我们的人生。我们的喜怒哀乐,我们的成功失败,甚至我们的生死,都是它的影子。改变命运的过程,就是去揭示它、去了解它、去驾驭它的过程。

著名的精神分析学派创始人、心理学家西格蒙德·弗洛伊德曾提出过一则"马车寓言"。想象一下,你的人生就像一辆不停前进的马车,这驾马车由马、车夫和主人组成。有趣的是驾马车的三个主体都认为自己能够把控前进的方向。

马认为车前进的方向是自己决定的,因为车架在自己身上,它的方向就是车的方向。而车夫也认为马车前进的方向是自己决定的,因为他手中有马鞭,可以左右马前进的方向。可事实上,真正掌控马车的还是隐藏在车内的主人,因为车夫最终还要听主人的命令。

当你缺乏自我认知,对潜意识不够敏感时,你所处的位置就

第三篇 潜入意识深处，看见人生剧本

是马的位置。你前进的方向来源于生活欲望与皮鞭感知，身躯不过在无意识地奔跑，却永远不知道前路通往何处。

当你拥有一定的自我认知，但对潜意识概念模糊时，你所处的位置是车夫的位置。你能看到前路的坎坷、崎岖、平坦与宽阔，也能够根据自我意愿选择舒适的前行方式，避免可见风险，调节前行速度，却依然没有选择方向的权利。

当你能够认知并呈现自己的潜意识，你便坐上了主人的位置。你清楚自己想要去往何方，又为何奔波，你只要下达命令，马车就会用你喜欢的方式带你前行。

无法否认，大多数人未能坐上主人的位置。他们在生活中既没有清晰的自我认知，也没有意识到潜意识的存在，整日被周围的人、事、物影响，而这些人还天真地认为生活被自己主导，命运被自己掌控。

所以，当你没有看见自己人生剧本的时候，那你只是一个演员，你以为自己在活着，你以为自己在经历，你以为是你的选择，事实上这不过是人生剧本早已写好的剧情。而当你看见人生剧本的时候，才可能找到命运的成因，找到人生的答案，从而获得改写人生剧本的权利。

生命图谱——人生剧本原理

人生剧本并非神秘不可知，它的原理尽在人生的点滴之中。决定人设跟剧本的关键点正是我们的潜意识与信念。人生剧本的原理也可以视为潜意识决定的结果。

比如，我们可以将"潜意识"视为生活的导演。正如我在上面提到的，显意识占据我们整体意识的10%，生活中我们更多被潜意识控制。在这广阔的潜意识中，隐藏着我们的期待、恐惧、希望与选择，以及我们无意识状态下的思考和行为。这些都是潜意识的范畴。其实，生活中我们有大量的时间是在机械性行动，主观上我们并没有思考自己在做什么，为什么这样做。而这一切正是潜意识为我们编织成的人生剧本。

科学实验已经证明，在我们作出任何决定的前十秒钟，潜意识已经在无声无息中帮我们作出了选择。换句话说，我们每一次做的决策，每一次付诸的行动，其实都是在潜意识的指引下进行的。在大多数时候，我们就像是在自动驾驶状态下，由潜意识牵引着我

第三篇 潜入意识深处，看见人生剧本

们的行为和反应。

潜意识的力量十分惊人，它比我们的显意识强大无数倍。比如，我们常说的"心想事成"，在潜意识中这只是一句祝福，或美好的期望。但如果你的潜意识足够专注并且深深地相信某件事情，那你就有可能实现它。这就是吸引力法则的原理，只要让自己的潜意识深深地相信某个想法或者目标，那就有可能通过潜意识的指引去实现它，从而达到"心想事成"的境界。

很多人会抱怨，有些人能够轻而易举地收获大量财富，而自己整日拼搏却收入微薄，这并非运气的差异，很大程度上正是潜意识影响的结果。我可以肯定这些收入微薄者的潜意识中存在很多负面的财富信念，比如凭我的能力根本不可能创业成功；社会如此残酷我能够有现在的收入已实属不易等。这些信念就像人生剧本中的一行行台词，默默地影响着他们对财富的态度和行为。

具体而言，一个人的主观意识可能极其渴望拥有亿万财富，但他的潜意识却不相信他能够做到。这种矛盾就会导致他虽然可以通过某些方式创造收入，但最终他放弃了这种选择。因为他的潜意识告诉他，他无法拥有这样的财富，无法改变当前的境遇，这种信念就像潜意识为他的财富收入设置的一道闸门，从根本上限制了他的财富水平。

同样，如果有人在潜意识里深深地相信"金钱是万恶之源"，

那他的潜意识自然无法引导他走向富裕的生活。因为在他看来，拥有大量金钱就等同于变得邪恶，这是他无法接受的现实。因此，这样的信念就成了他通往财富之路的阻碍。

我们的潜意识就像是一个导演，默默地撰写着我们的人生剧本，操控着我们的行为和选择。一旦某种信念深入到我们的潜意识，那我们就会不自觉地按照这个信念来行动。如果我们没有意识到这一点，那我们的人生就会处于一种"自动导航"的状态，被潜意识带到它认为应该去的地方。

著名电影《盗梦空间》从一个特别的角度展示了潜意识的力量。这部电影中的角色通过进入别人的梦境，在他们的潜意识中种下一颗种子，即一个信念。当这个信念被深植入潜意识后，即使表面上的行为和决定似乎仍是自主的，他们的潜意识却已经被这个新的信念所主导，而最终的行为和结果也将在潜意识的影响下产生变化。

这就像我们的人生剧本中的每一句台词，每一个情节，每一个信念都是植入我们潜意识中的。这些信念会引导我们的行为，决定我们的言语，进而影响我们的人生轨迹。所以，关键不在于是否有一个人生剧本，而在于我们能否意识到它的存在，然后去判断这个剧本是否是我们真正想要的。如果不是，我们就可以有意识地去改写它，为自己塑造一个新的人生脚本。

第三篇 潜入意识深处，看见人生剧本

潜意识是人生剧本的主编，预设并安排着我们的人生走向。虽然我们在日常生活中主要由主观意识驱动，但在许多情况下，我们会发现自己的行为模式和反应方式似乎被某种看不见的力量操纵，这就是潜意识在起作用。

人生剧本中的情节和角色通常基于我们的习惯和经验。因为我们的大脑有一种倾向，即倾向于重复已经学习和熟悉的行为模式，这是生物学上的节能策略。然而，这种机制也可能导致我们陷入某种固定的生活模式，我们可能会困在自己的剧本中，无法看到更大的可能性。

信念在我们的人生剧本中起着关键作用。信念可能来自我们的成长背景、教育经历或个人经验。一旦信念植入我们的潜意识，它就像一个灯塔，指引我们向着信念所指向的方向前进。因此，信念对于人生剧本的形成有着极其重要的影响。

尽管人生剧本在很大程度上预设了我们的生活轨迹，但我们并非无法改变。当我们看清自己的人生剧本时，就有了选择的可能性。我们可以选择接受这个剧本，也可以选择去改写它。这就是人生剧本的原理，我们可以在其中找到自己的定位，然后作出有意识的改变，从而掌握自己的人生，成为自己命运的主导者。

人生剧本就是我们潜意识预设和塑造人生的方法论。我们的决定，我们的行为，甚至我们的命运，都在一定程度上受到了潜意识的影响。而我们，只有去了解它，接纳它，最终才能掌控它，才能真正地成为自己人生的导演。

第三篇 潜入意识深处，看见人生剧本

源起于心——人生剧本的形成剖析

人生剧本的生成，依赖于五个核心元素：先天性格、家庭环境、教育经历、生活体验以及视野认知。这五个元素，构筑了人生剧本的底层逻辑，它们如同独特的矩阵，决定了剧本的方向和内容。例如，先天性格为剧本设置了初始基调，教育经历塑造了"主角"的世界观和思维方式。在这五大元素的影响下，人生剧本将描绘出一个个精彩而富有深度的故事情节。

我们常常以为，作为人生剧本的主角，自己应该拥有主导权，可以演绎好每一个情节。确实，我们都是人生剧本中的主角，然而这样的思维其实并未能抓住问题的本质。因为无论主角的表演多么精彩，最终都只是在执行已定的剧本。真正能掌控故事走向的，其实是"导演"。

若我们只满足于成为人生剧本中的演员，那我们就无法真正掌握改变自己人生的权力。因为我们深陷于剧情之中，无法洞察全局。在这种情况下，我们的人生剧本可能是父母为我们编写的，或是社会为我们设定的,或是被他人影响的,而非真正由自己主导。因此,如果我们渴望掌握自己的人生剧本,稳坐"导演"的位置,我们必须深入理解人生剧本的形成路径,清晰地认识先天性格、家庭环境、教育经历、生活经历、视野与认知在人生剧本中的作用。

◎先天性格

人生剧本的第一个基础元素是先天性格,它如同一个人的初始属性。无论我们承认与否,这一属性将决定我们的人生剧本的基调。的确,人生之初,每个人都像一张白纸,我们的性格和行为受外部环境影响而逐渐塑造。然而生活的事实告诉我们,每一个婴儿从他们呱呱坠地的那一刻开始,就已经带有他们的天性,他们的性格、智商、情商都源自这些内在的基因属性,外界环境的影响只不过是天性打磨与雕琢,本性才是性格的主体。

弗洛伊德曾将人的性格分为意识和潜意识,其中潜意识又进一步分为前意识和无意识。荣格对此做了更深入的解析,将无意识分为个体无意识和集体无意识。集体无意识,就是我们祖先经验的心理积淀,是我们种族特征和性格基因的根源,它们如同种子的向阳性、候鸟的南北迁徙,构建了我们生物生存的基础模式。

先天性格和后天性格有所不同。先天性格是那些刻在我们基

第三篇 潜入意识深处，看见人生剧本

因里的编码，无法改变，而我们能做的只是去理解它，接纳它，并提升我们的内在修养；后天性格则是先天性格在外部环境影响下的表现形式，它具有可塑性。

我们探索先天性格的内涵和特性，只是为了证实，要看清人生剧本的全貌。我们首先需要了解我们的先天性格。这是我们与生俱来的特性，也是我们改写人生剧本的基础。正如爱因斯坦曾经说过的那样："每个人都是天才，但如果你用爬树的能力去评价一条鱼，那它将终其一生都认为自己是个笨蛋。"因此，我们无须因为人生剧本的不完美而懊恼，只需确认这部剧是否真正符合我们自身的特性。

◎家庭环境

家庭环境，更确切地说是父母对我们的影响，这是塑造人生剧本的第二个关键因素。这里引入一个关键词——原生家庭，它最初源自社会学，但现在已广泛应用于心理学领域。从心理学的角度分析，父母的一些观念、行为模式、思维模式，耳濡目染就会进入到我们的心中，甚至无意间的一句话，都可能给我们的未来带来影响。

一些人可能至今都未意识到，自己的人生剧本实际上很大程度上由父母编写。我并无任何贬低父母的意图，我只是在客观地描述一个事实。

想象一下，面对相同的困境，不同的人会有不同的反应。比如，我有两位朋友年轻时创业失败。面对相同的人生低谷，两人表现出了截然不同的态度，结局也是天差地别。其中一位朋友始终在抱怨，归咎于他的创业伙伴，然后一蹶不振。而另一位朋友却选择积极面对，尽管背负着沉重的债务，他依然早出晚归地工作，两年后，他不仅还清了所有债务，还创立了自己的配送公司。我对两个人的结果并不意外，因为这两人与我从小相识，只不过前者备受父母呵护，而后者自幼独立，所以长大之后两人的心性才会出现如此巨大的差异，进而造就了他们不同的人生境遇。

每个人在童年时期的经历都是不同的，这些经历会在我们的心中形成行为模式。这种行为模式就是我们将过去的经历作为模板，来指导我们当前的行为。例如，那些在童年时期敢于反抗欺凌的孩子，在成年后大概率会变得更加勇敢；反之，那些在父母庇护下成长的孩子，面对不公时，习惯寻求父母的庇护而无法反抗，这类孩子在成年后可能会很难独立面对挫折。当然，这并不代表父母呵护孩子存在问题。毕竟，每个父母都希望为孩子提供最好的生活条件和环境。但问题在于过度的保护、过多的担心，以及溺爱。

过度保护的背后，常常隐藏着父母的担心和不信任。他们可能害怕孩子受伤，因此采取一种控制的模式，希望孩子遵循他们认为

第三篇 潜入意识深处，看见人生剧本

是"安全"的路径。长此以往，这种控制模式可能会让孩子在心理上变得过度依赖父母，以至于当他们面对现实生活中的困难时，他们可能会无所适从。

而当孩子无法独立处理问题时，他们很可能会把原因归咎于外部环境，而不是自己的不足。这种渴求者的频率，也即总是想要从外部得到帮助和支持，实际上这是孩子从父母那里继承的一种人格能量层级。因为如果父母总是表现出对孩子的不信任，孩子也会随之对自己的能力产生怀疑。

所以，过度的呵护和保护，尽管出发点是好的，但可能会无意中阻碍孩子发展独立处理问题的能力，使他们在未来遇到挫折时感到迷茫。这就是原生家庭对我们人生的影响。

如果我们想要客观地审视自己的人生剧本，就需要以第三者的视角来看待我们的原生家庭，思考它如何影响了我们的性格、思维和习惯。我们深深感激父母的爱，尊重所有为子女无私奉献的父母。然而，我们必须面对一个现实——世界上没有完美的父母。父母在育儿过程中会根据自己的价值观、世界观、信念、理念，以及家庭条件和人生阅历，无意识地对孩子产生影响。不过，我可以肯定的是，大多数父母都尽可能地会给孩子提供最好的一切。

因此，无论我们的原生家庭给我们带来了何种影响，我们都不应抱怨。我们需要明确看到这个现实，并努力避免这些原生问题在

我们的人生剧本中被放大。人生是一个过程，我们一边原谅过去，一边迎接未来。心理学家们发现，那些受原生家庭影响较深的人，他们的成长速度往往会慢于其他人。只有当我们努力摆脱原生家庭的影响，我们才能重新构建属于自己的世界观和价值观。

心理学家阿尔弗雷德·阿德勒曾经说过："幸运的人一生在被童年治愈，不幸的人一生在治愈童年。"这句话深刻描绘了原生家庭对我们人生剧本的影响。然而，每一份经历，不论是甜蜜还是辛酸，都是我们修行的一部分。事实上，原生家庭其实正是最适合我们的修行场所。它为我们提供了一系列独特的经验和挑战，使我们有机会学习、成长和进化。

◎教育经历

教育经历对于人生剧本而言起到了重要的影响作用。我们经历的家庭教育、学校教育，甚至是来自我们身边朋友的影响都是人生剧本形成的重要因素。相较先天性格和家庭环境，教育经历是一种后天的影响，甚至是我们自己的选择。它最终会在我们的价值观和思维方式上留下痕迹。

教育经历与学历是两个不同的概念。一个人的学历高并不意味着他的教育经验丰富，也不意味着他受到的教育效果优秀。高学历只是代表一个人的学识深厚,但不能保证他的价值观和思维方式是否出色。

高学历只能证明一个人在学校学习的时间较长,但这并不意味着他的教育经历就一定丰富。从心理学角度分析,一个人如果受到过多的单一教育方式影响,可能会导致他的教育经历不均衡,导致他的价值观和思维方式出现偏差。我们不难发现,有些高学历的人在社会中无法融入,或者工作表现并不理想,这很可能是他们的教育经历缺乏的表现。

所以,我们不能仅仅以学历来评价自己的教育经历,而应该更注重教育经历的多元性。从各种不同的人生经验中学习,有助于我们形成正确的价值观和高效的思维方式。

我提出学历与教育经历的区别,是为了帮助大家避免在理解自己的教育经历时产生误解。高学历或者受教育时间长,并不能保证我们的人生剧本将更加精彩。只有全面的教育经历,才能提升我们的思维方式和行为方式。

站在第三者的角度,审视自己的教育经历,可以帮助我们认识到自身教育的不足,从而找到提升思维方式、行为方式的方法,也就是找到改变自己人生剧本的能力。

我们走出学历的框架,打开视野,通过多元化的教育经历,来丰富我们的人生剧本,使我们的人生更加精彩。比如,我们现在学习的《人生剧本》知识,同样是一种受教经历它能够让我们受益一生,获得更多人生主导权。

◎ 生活经历

我们自降生在这个世界上的那一刻起,每个人的生活经历都有其独特性。你未曾遭遇我曾经历的事情,我未曾体验过你涉足的领域。不同的生活经历造就了我们对生活的不同认知态度与行为原则。

生活经历,其实可以视为我们生命中的导师。每一次的遭遇,无论是甜是苦,都蕴含着某种教诲,特别是那些带来痛苦的经历。比如,经历过背叛的人,很容易对他人失去信任,承受过情伤的人也容易不再相信爱情。这些生活经历对人生剧本产生了巨大影响,也改变了人生剧本的走向。

很多时候,我们需要经历各种事件来磨砺我们的性格,来提高生活智慧。那些带给我们痛苦的事情,其实是在告诉我们:我们还有需要学习和领悟的东西。只有当我们真正吸取了其中的教诲,学习了相应的经验,这种痛苦的循环才会停止。

这也解释了,为什么很多人会陷入某种固定的模式,在同样的事情中重复犯错误,并无休止地循环。这是因为他们还没有真正理

第三篇 潜入意识深处,看见人生剧本

解这些事件发生的深层含义,还没有从中获取真正的经验和教训。当我们真正学会从这些事件中吸取教训,理解其深层含义,我们的生活就会开始向更好的方向发展。

生活经历如同独特的戏剧教练,一方面让我们体验各种情境,另一方面教导我们如何从中学习,如何在磨难中成长。即使是痛苦的经历,也有其存在的价值。因为每一次的挫折,每一次的失败,都是我们前进的阶梯,都是我们成长的催化剂。当我们真正理解并接受这一点时,我们的生活就会变得更加丰富和有意义。

◎ 视野与认知

人生剧本的形成除了受到天生基因和后天环境的影响,还有一个关键因素,那就是我们的视野与认知。视野与认知左右着我们对生命的理解,对如何过活的决定。爱因斯坦曾说过:"人类最疯狂的就是总希望在同样的思维模式、行为模式中发展出不同的结果。"这个观点揭示了人生观和认知对于我们生活结果的重要性。

我们可以参考一项哈佛大学的长期研究,这项研究为了印证人生观和认知对于人生结果的影响,进行了长达25年的跟踪调查。这个调查的研究对象是一群智力、学历、生活环境相似的年轻人,最初调查的重点是这些年轻人是否设定了明确的人生目标。结果显示，有27%的人没有设定目标，有60%的人设定的目标模糊不清，有10%的人设定了清晰但是短期的目标，而只有3%的人设定了明确的长期目标并且坚持了25年。

25年后，这项研究再次对这些人的生活情况进行了统计。最终结果显示，最初那3%设定明确目标的人已经成为社会各个领域的成功人士，甚至包括国家领导者；那60%设定目标模糊的人，他们的生活处于社会的中下层，尽管他们的生活和工作是稳定的，但他们并没有取得突出的成绩；有清晰短期目标的那10%的人则大多进入了社会中上层，这是因为他们在不断地设定和达成新的短期目标，所以他们的生活工作情况在不断上升；那27%没有设定目标的人，他们几乎全部都在社会的最底层，这些人大多已经失业，依赖社会救济生活。他们的最大特征就是喜欢抱怨，抱怨社会，抱怨他人，抱怨世界。

这项研究说明视野和认知会对人生剧本产生重要影响。人生目标就是我们对自我生命的期待，对未来的追求。而视野和认知则像是一个指南针，帮助我们在迷茫中找到方向，勇往直前，以实现我们的人生目标。

那些缺乏视野和认知的人，人生散乱，常常被他人或环境左右，动辄改变人生目标，或轻易放弃理想。这些人就像是在他人编排的人生剧本中演绎着一个微不足道的角色，虽然他们拥有自己

第三篇 潜入意识深处，看见人生剧本

的思维模式和行为模式，却因为缺乏清晰的方向感，在人海汪洋中随波逐流。

如果我们想要看清楚、重新编排自己的人生剧本，就必须从更高的角度来审视自己，这就需要我们具备广阔的视野和深厚的认知。只有当我们看清楚了人生剧本的本质，了解了人生剧本的形成路径，我们才能启动人生导航系统，才能真正开始操控自己的人生。如果我们一直沉浸在既定的剧本中，我们只能看到剧本的表面，剧本的发展、高潮、结局都在别人的掌控之中，最后我们只能感叹，这不是我想要的人生。试想一下，如果在生命的最后一刻，你对自己说出这句话，那会是一种怎样的悲哀。

人生剧本就是我们潜意识中对于"我该如何度过这一生"的规划。人生剧本的形成就是在我们先天性格、家庭环境、教育经历、生活经历、视野认知五大因素影响下的规划设定。

如果我们看不清自己的人生剧本，痛苦可能会不断地上演。然而，当我们能够从更高的视角观察自己的人生剧本时，就如同从三维空间跃升到四维空间，获得跨越时间改变人生结局的权利。

只有站在人生剧本之外，以更高的视角审视人生，我们才可能充分看清自己的处境，才有可能变成自己人生的导演，去创造自己真正想要的生活。

尤言心语

有些孩子起点高，这个起点不是家庭条件，而是父母的认知和人格能量。

人总是习惯向外索求，求而不得就会产生各种情绪，而我们要做的就是突破内在的枷锁。

你能满足自己的内心需求就是向内求，你无法满足自己，需要向外界索取就是向外求。

命运是弱者的借口，强者的谦辞。

如果你想更快地成长，那帮助别人成长就是最好的捷径。

真正远离痛苦的方式，是找到自己内在的价值，而不是向外抓取。

境随心转，你的心念一转变，世界就变了。

命运给了你一手牌，而出牌的人是自己。

感恩生活中美好的事情，创造喜悦的频率，喜悦的事情自然就会进入到生活中。

我们都还年轻，不用活得太用力。均匀地努力，均匀地享受生活，才是长久的生存之道。

如果你害怕失败，你就会本能地去拒绝很多让你变好的机会。

第四篇

自我剧本：回归本心，与自己和解

　　每个人都是独一无二的存在，每个人的人生剧本也是世间孤品。虽然有些人还在剧本中沉沦，没有找到自己的方向，但这并不能否定他的独特之处。当一个人认识到自身的独特，并悦纳自己时，他便找到了改写人生剧本的方法。

自我剧本的认知

在人生旅途中,我们都是命运的主角,我们的生活皆是一部无法复制的剧本。剧中的我们经历着各种各样的情感变化,同时也塑造着自己的灵魂与人格。看清这一剧本能够帮助我们更好地理解自我,更好地应对生活中的挑战。

人生剧本可以分为三大类:自我剧本、财富剧本、情感剧本。这三种剧本互相交织,相互影响,构成了复杂而丰富的人生经历。其中,自我剧本作为基础,会对我们的人生发展产生深远的影响。

自我剧本是我们的自我认知、角色定位,以及命运导向。它源自我们内心深处,受到我们多方面因素的影响,其中最大的就是原生家庭。稻盛和夫曾说过:"人生的一切,都是自己内心的投射。"从这一角度分析,自我剧本同样是我们内心世界的一种投射,是我们对自己的一种理解和表达。

理解自我剧本,意味着我们开始认识和理解自我,开始观察自己的情绪、行为、思维,开始重塑自己的价值观,开始寻找自己的

第四篇 自我剧本：回归本心，与自己和解

人生目标，开始挖掘自己的潜能。理解自我剧本，就是开始认识、理解和尊重自我。

自我剧本，这个概念或许新鲜，但其实绝大多数人已经在无意识中参与了这场演出。这个剧本并非来自他人之手，而是我们内心深处描绘出的，与这个世界的联系。自我剧本是人生舞台的基础剧本，它在每一刻塑造着你的现实。

自我剧本的构建始于你对自我本质的认知。我们在人生的每个阶段都面临着新的挑战，新的境遇，新的选择，而在这一切的背后，我们如何看待自己，如何理解自己的行为和情感，如何评价自己的价值和成就，都在无声无息中书写着我们的自我剧本。

在这个过程中，我们可能会遭遇痛苦、困惑、挫折、失望，这些都是自我剧本中的关键节点，它们揭示了我们的内在冲突和挣扎，也揭示了我们的成长和转变。这些节点并非生活对我们的惩罚，而是生活给我们的礼物，是生活希望我们能够更深入地了解自我，更好地塑造自我，更勇敢地活出自我。"每一个痛苦的节点，都是生命对我们的悄然召唤，邀请我们走进更深的自我。"

当我们意识到自我剧本的存在，意识到自己是自我剧本的创造者和导演，我们就能够从一种新的角度看待生活，看待自己。我们不再是剧本的奴隶，而是剧本的主人，我们有能力去改写那些让我们痛苦、困惑的剧本，去创造一种新的自我认知，新的自

我角色，新的生活方式。意识到自我剧本，就意味着我们从生活的被动参与者，变成了生活的主动创造者。

自我剧本并不完全依赖于外部环境的变化，而是更多地源自我们内心的感受和想法。当我们对自我有了更深入的理解，我们就能更好地理解生活，更好地理解他人。我们可以选择以更加开放和理解的心态去看待生活中的每一次遭遇，去接纳每一种感受，去欣赏每一次的成长。这就是自我剧本的魅力，它可以帮助我们找到内心的力量，找到生活的可能性，找到自我成长的方向。"自我剧本是一把钥匙，它开启了通向内心深处的大门，引领我们走向真正的自我。"

当我们开始重新书写自我剧本，开始拥抱生活的一切，我们会发现，自我剧本并非一份预定的命运，而是一部充满可能性的自我历程。我们有权去改变自我剧本，去选择自我剧本的走向，去塑造自我剧本的内容。我们可以选择成为自我剧本中的主角，也可以选择成为自我剧本中的配角，甚至是旁观者。我们可以选择接受自我剧本的走向，也可以选择反抗自我剧本的设定。自我剧本并非生活的枷锁，而是自由的羽翼。

在学习人生剧本的过程中，我们一定要认真了解自我剧本，因为它既是我们内心深处的困扰，也是我们人生道路的指南。当我们能够深入地理解自我剧本，能够敏感地感受自我剧本的变化，能够勇敢地改写自我剧本时，我们就能在生活的舞台上，演绎出一出属于自己的人生戏剧。

自我剧本的类型

自我剧本分为自我迷茫、自我指责、自我恐惧、自我不被爱、自我叛逆、自我矛盾、自我比较、自我孤独、自我控制狂、自我讨好十种类型,每一种类型都会对应不同的人生状态。

◎ 自我迷茫剧本

自我迷茫剧本的真相

自我迷茫剧本是人生的一种迷茫状态,陷入这一剧本的人生活往往随波逐流,缺乏明确的前进方向。我能感受到当下许多人会有人生迷茫的经历,或正陷入人生迷茫剧本中挣扎。陷入这一剧本中的人如同无舵之舟,被海浪推动,没有确定的目的地。他们的行动无法集中和有效,内心时常感到困扰和不安。很多时候有自我迷茫剧本的人不清楚自己究竟喜欢什么,能做什么。他们的生活被不确定性包围,茫然和孤独是他们最常见的状态。他们犹如生活在一

第四篇 自我剧本：回归本心，与自己和解

团迷雾当中，前路难辨。

在这样的迷茫中，人们容易失去自我，失去自己的决定和思考，只是机械地按照他人的要求和期待去行动。有自我迷茫剧本的人看起来更像是生活的机器，而非真实的人。因为有自我迷茫剧本的人没有经历过自我决定和自我行动，更多的是麻木地盲从，是被安排，被要求。这样的生活看起来充实，实则疲惫，这正是自我迷茫的常态。

在这个剧本中，有自我迷茫剧本的人往往遭受着内心深处的困惑和困扰。他们没有明确的人生目标，没有清晰的生活规划，每一步都仿佛在摸索，每一步都在疑虑和迷茫中挣扎。他们失去了方向，不知所措，甚至开始怀疑自己存在的意义。自我迷茫，不仅是对自我能力的不了解，更是对人生方向的迷茫。

自我迷茫剧本的出现，有时源自长期的被控制和被安排。在人生路途中，大家都曾被他人的期待和要求所束缚，都曾为他人的期待和要求而迷茫和困惑。尤其在幼小的时候，父母的期待和要求往往会成为我们行动的指引和标准。我们渴望得到父母的认同和赞许，希望通过满足父母的期待和要求，来证明自己的价值和能力。然而，当大多数人从这种控制中解脱出来，开始尝试自我决定和自我控制时，可能会陷入迷茫和困惑，可能会觉得失去了方向，不知道如何去选择和行动。脱离他人的控制，往往会让更多人面临自我迷茫的挑战。

　　陷入自我迷茫剧本中的人往往是乖小孩,当他们习惯于让自己不犯错,尽力迎合别人的期待,努力保持自己的完美形象时就进入了这种迷茫的状态。然而,这样的努力并没有让他们活出真实的自我,反而让其陷入更深的迷茫和困惑。他们不知道自己真正喜欢什么,不知道自己真正能做什么,甚至不知道自己是谁。自我形象和自我价值观被他人的期待和要求所塑造,自我认知和自我理解被他人的评价和评判所淹没。他们忘记了自己的内心,忘记了自己的梦想,忘记了自己的能力,开始迷失自我,开始否定自我。所以,追求完美和顺从他人,往往会让人忽视了真正的自我。

　　失去自我决定和行动的能力,不仅会让人陷入迷茫,也会让人陷入绝望。很多时候,有自我迷茫剧本的人做事其实毫无主见,习惯于等待他人的安排和吩咐,依赖他人为自己做决定。当自我面对抉择时,会感到无力和无助,会感到惶恐和焦虑,甚至会感到失落和孤独,进而陷入无尽的等待和无尽的迷茫以及无尽的痛苦和无尽的绝望。这种情况下,很多人会选择躺平,消耗他人,或者选择自我放弃,逃避现实。在自我放弃和躺平中,他们失去了希望,失去了未来。

第四篇 自我剧本：回归本心，与自己和解

破解之法

想要解除自我迷茫剧本，寻找生活的明确方向。首先，我们需要学会独立。独立，是从精神层面开始的革命，也是个体向成熟迈进的必经之路。独立，能够让一个人从迷茫中找到方向，从困惑中找到自我。

独立是自己的事情亲自去做，担起自己的责任，不再过度依赖他人，不再盲目追随他人。在自我独立的过程中，真实地面对自己，开始理解自己的需求，开始发现自己的能力，开始塑造自己的价值。独立的过程，可能充满挑战，可能充满困难，但每一次的挑战，每一次的困难，都是成长的契机，都是自我发现的机会。

在开始自我独立的同时，我们还需要尝试做各种事情，去探索那些能让自己乐此不疲的活动。尝试和探索，是从迷茫中找到热爱，从困惑中找到技能的途径。

比如尝试新的运动，尝试新的技能，尝试新的经历，尝试新的挑战，去感受其中的乐趣，去体验其中的满足，去发现其中的自我。这种尝试和探索的过程，可以帮助我们找到真正热爱的事物，找到真正擅长的技能，找到真正的自我。只有当自己找到真正热爱的事物，找到真正擅长的技能，才能从心底里感到快乐和满足，才能从根本上消解迷茫和困惑。

同时，有自我迷茫剧本的人还需要培养自信，并享受这个过程。自信不是一蹴而就的，它需要我们通过不断尝试，不断失败，不断成功，不断自我认知，逐步建立和积累。每一次的尝试，每一次的失败，每一次的成功，都是培养自信的机会，都是理解自己的机会。当我们开始信任自己，开始赞美自己，开始欣赏自己，就会发现自己是如此有价值，如此有能力，如此有潜力。之后便可以不再迷茫，不再困惑，并明确自己的人生方向。

我们需要记住，只有自己，才是自己生命的主角。每个人都需要对自己的人生，对自己的命运，有足够的认知和理解，如此才能走出迷茫。

◎自我指责剧本

自我指责剧本的真相

自我指责剧本是一种自我批评、自我否定的心理模式。陷入自我指责剧本的人倾向于看到自己的缺点，忽视自己的优点，总是对自己进行过多的批评和指责。他们倾向于预设失败的结果，缺乏对自己的信任和尊重。陷入自我指责剧本的人由于过度挑剔，过度把失败归因于自己，而长期感觉无助、无力，缺少正向积极的态度。

陷入自我指责剧本中的人，容易产生过度的自我否定，过度的自我批评。他们不断地挑剔自己，找寻自己的不足，然后对自己进行严厉的指责。似乎他们永远不够好,永远不足以满足他人的期待。我发现自我指责者,无法接纳自己的不完美,无法接受自己的失败和错误。他们的内心充满了对自己的批评和指责,无法看到自己的优点和成就。

处于这一剧本中,人们长期关注的不是自己当下拥有的,而是自己失去或未曾拥有的。这时自我指责者会忽视自己已经拥有的资源,忽视自己已经取得的成就,在羡慕的眼光中感到遗憾,感到痛苦,感到失落。

自我指责者往往在事情还没开始做时就预设是失败的结果。他们缺乏对自己的信任和尊重,心中充满了对成功的恐惧和疑虑,从而影响了自己的行动和表现。要知道,自我指责剧本的形成并非单纯源于自身,这些人在成长过程中大多被过度挑剔过。比如,家长对其有过高的期待,过程中进行了过多的批评和指责,导致其渐渐形成了今日的心态。

破解之法

在自我指责的旋涡中,找回对自己的欣赏和尊重,是自我指责者走向自信,走向成功的关键。我建议陷入自我指责剧本的人采取这样一种有效的策略——与以前的自己对话。进入一个自我剖析的场景,尝试与过去的自己连接。在这个过程中,自我指责者可以理解到自己为何产生了这样的思考模式，为何会陷入这种过度的自我批评中。

在这一过程中，自我指责者可以选择去帮助曾经的自己，找到解决根本问题的方法。这是一种自我疗愈的过程，也是对自我认知的提升。因为在帮助过去的自己的同时，自我指责者也在向自己证明，这个世界并不是全然的黑暗，也有温暖和希望的存在。

在接下来的旅程中，自我指责者需要尝试看到自己的强大，试着探索自己的独特性和擅长的领域，让自己找到那个在不断指责中被忽略的自我。要相信，每一个人都是独特的，都有自己擅长的东西，所有人都需要看到这一点，欣赏这一点。

最后，是培养和积累积极的小成功经验，走向自信。每一次的小成功，都会为自信心加分，都会让自己更加坚信自己有能力去做好每一件事情，有能力获得成功。因此，无论多么小的成功，都值得庆祝与享受。

自我指责剧本是一种对自己进行过度批评和指责的心理模式。它阻碍了人们看到自己的优点和价值，阻碍了人们信任和尊重自己。要打破这个剧本，需要学会接纳和欣赏自己，信任和尊重自己，并看到自己的优点和价值，从失败中坚持成长。只有这样，陷入这一剧本的人才能走出自我指责的困境，找到自己的方向，追求自己的成功。

第四篇 自我剧本：回归本心，与自己和解

◎自我恐惧剧本

自我恐惧剧本的真相

自我恐惧剧本，指的是那些内心持续缺乏安全感，并对各种事物，如婚姻、财富等感到莫名恐惧的人生剧本。有自我恐惧剧本的人，内心深处存在着一种强烈的匮乏感，这种感觉像是一种阴影，始终挥之不去。

这种恐惧的源头可能来自过去的经历，例如，父母威胁、恐吓的教育方式，无意间传递给孩子的恐惧和匮乏感。这些恐惧和匮乏感就像潜移默化的毒药，会慢慢渗透进孩子的心灵，使孩子形成一种自我恐惧的心态。

陷入这一剧本的人，内心世界充满了恐惧和不安。比如，对于婚姻可能会感到恐惧和不安，担心婚姻带来的责任和压力；对于财富，可能会有一种强烈的匮乏感。即便拥有了足够的财富，仍然会感到不安全和恐惧，认为自己可能会失去这些财富。

在这种情况下，恐惧不仅影响了他们的决策，还严重影响了他们的生活质量。而且他们会因为恐惧而无法作出明智的决策，也可能会因为恐惧而错过生活中的很多美好。

破解之法

面对恐惧,不仅要有勇气直视,还需要智慧去理解。勇气让自我恐惧者敢于面对,智慧则可以带给他们跳出剧本的可能。

当感到害怕和恐惧时,最好的应对方式是勇敢地面对它。有自我恐惧剧本的人可以通过写下自己的担忧和恐惧来开始这个过程。通过书写,可以更清晰地看到自己内心的焦虑和疑惑,这样,就可以更好地理解和处理它们。

将恐惧和担忧写在纸上,可以帮助自己从另一个角度看待恐惧,可以引导自己更冷静地分析和处理。同时,书写也是一种疗愈的方式,它可以帮助自我恐惧者释放内心的压力和紧张,让他们在面对恐惧时有更多的信心和勇气。

然后,有自我恐惧剧本的人还需要深入研究这些恐惧从何而来。这需要他们回溯到过去,探索恐惧的源头。这个过程可能会比较艰难,因为他们需要面对一些不愿意回忆的过去。但只有理解了恐惧的根源,才能真正地解决它。

恐惧是心灵的阴影,唯有勇敢地面对和超越才能在生活的舞台上自由起舞。

第四篇 自我剧本：回归本心，与自己和解

◎自我不被爱剧本

自我不被爱剧本的真相

自我不被爱剧本在许多人的生活中或多或少出现过。这是一种深深蔓延在内心深处的感觉，这种感觉如同在一片无尽的黑暗中，寻找着一丝温暖的光芒。陷入这一剧本的人都会感到孤独。虽然他们努力地表现自己，希望能获得别人的认可，却总是无法真正地获得内心的满足。

这种感觉的形成，往往与童年时期的家庭环境有着密切的关系。例如，在重男轻女的家庭中，女孩可能会感觉自己被忽视、被边缘化，从而形成自我不被爱的剧本。或者在父母偏爱某个孩子的家庭中，其他的孩子也可能会有这种感觉。处于自我不被爱剧本中的人，时刻怀有恐惧和忧虑，怕自己被遗忘。他们努力地想要被看见，被认可，却又恐惧别人发现自己内心的缺憾。这种矛盾的情感，让有自我不被爱剧本的人总是沉浸在无尽的痛苦中无法挣脱。

然而，他们需要知道，每个人都是独一无二的，都值得被爱。每个人都有自己的优点和特长，都有自己独特的魅力，只要敢于展现自我，敢于接纳自己，就一定能找到那个欣赏自己、喜欢自己的人。

破解之法

这个剧本的本质是"无价值感",这是一种深深的、无法轻易撼动的信念,就好像是一块沉重的石头,压在人的心头,使人难以呼吸。在这样的剧本中的人,他们常常感觉自己就像是一片孤独的荒漠,没有任何生存的价值和意义。

面对这样的剧本,他们首先需要做的是接纳父母。因为父母也会有自己的剧本和卡点,所以在孩子成长的过程中,有些父母没有给予孩子足够的关爱和理解。然而,所有人都需要明白,父母并不完美,他们也会有自己的痛苦和挣扎。理解他们,原谅他们,这样才能释放自己,使自己走出阴影。

其次,有自我不被爱剧本的人需要学会爱自己。在这个世界上,没有人能比自己更了解自己,更爱自己。尝试对自己说:"我值得被爱,我有独特的价值。"尝试多接受自己,欣赏自己,这样才能真正地感受到自己的存在。

同时,有自我不被爱剧本的人还需要建立自己真实的价值观。每个人都有自己的特长和优点,这些都是独一无二的价值所在。有自我不被爱剧本的人需要找到这些价值,然后用心去培养,去充实。这样,才能真正地找到自我,找到属于自己的那片天空。

每一个人都是独一无二的存在,都值得被爱。不要因为别人对自己的忽视而否定自己,因为在这个世界上,最重要的爱,是自我

第四篇 自我剧本：回归本心，与自己和解

之爱。爱自己，欣赏自己，这是通往幸福之路的关键。只有真正地爱自己，接纳自己，才能感受到世界的美好，找到真正的幸福。

◎自我叛逆剧本

自我叛逆剧本的真相

自我叛逆剧本是一种在心理上强烈抵制外界影响，倾向于自我断言和强调自我意志的行为模式。陷入这一剧本中的人，会展示出对权威的反抗，对他人意见的不屑，和一种强烈的独立自主的意识。他们宁愿选择孤立，也不愿被人左右。尽管这种坚定的立场有时可能让他们在社会中遇到阻力，但他们却能在其中找到一种奇特的满足感。

在这样的剧本中，他们的行为常常表现出一种强烈的和人对抗的态度。虽然他们与世界格格不入，但总会乐此不疲，好像只有在与人争执的过程中，有自我叛逆剧本的人才能感到自己真实存在的感觉。

这时，有自我叛逆剧本的人会习惯性地对任何人的意见都表现出抵制和否定，仿佛这是拥有自我叛逆剧本的人的生存信条。他们不愿接受他人的观点，也不愿接受他人的束缚，像一匹野马，奔腾在自由的原野，对任何尝试驯服他们的人，都会毫不留情地反抗。

然而，尽管自我叛逆剧本给我们带来了一种强烈的自我意识，但过于强烈的自我叛逆，也可能给我们带来一些问题。可能因为过于坚持己见，而无法听取他人的意见，会导致自己在做决策时偏离了正确的道路；可能因为过于和人对抗，而无法与人建立良好的人际关系，导致自己被孤立，被隔离。

破解之法

陷入自我叛逆剧本的人需要充分认识到，每一个选择，每一个决定，每一次行动，都是自身的责任。任何时候都不要将失败归咎于环境，不要将错误推卸给他人，不能因为困难就选择逃避。这是成长的起点，也是自由的源泉。

面对生活中的挫折，我们需要以一种勇敢的态度去对待，需要承认自己的错误，需要接受自己的失败。每一次的挫折，都是成长的机会，都是磨砺意志的试金石。不能因为恐惧而退缩，需要有勇气去面对自己的失败，去修正自己的错误。因为，只有这样，我们才能不断地前行，才能不断地成长，才能成为一个更好的自己。

此外，陷入自我叛逆剧本的人还需要理解，找借口和抱怨，并不能解决任何问题。找借口只会让自己变得更加懦弱，抱怨只会让自己变得更加消极。我们需要停止找借口，需要停止抱怨，需要用积极的态度去面对生活，去应对挑战，从而学会以一种积极的态度

第四篇 自我剧本：回归本心，与自己和解

去看待问题，去解决问题。

生活中的一切，无论好坏，都需要自己去负责，因为这是生活的一部分，是每个人成长的一部分。当有自我叛逆剧本的人能为自己人生中的每一个好坏负责，而不向外推卸责任的时候，这也就是他们成长的开始。

◎ 自我矛盾剧本

自我矛盾剧本的真相

自我矛盾剧本描绘的是一个人的内心纠结与挣扎。有这一剧本的人挣扎于无尽的自我斗争中，他们一边渴望摆脱原生家庭的束缚，展现出自我独立的一面，另一边又感觉无法摆脱其深深的影响。矛盾的两极，带来的是无尽的困惑和挣扎。

有这一剧本的人，行为往往出人意料。比如，此时追寻的事物，下一刻就可能变得无足轻重。这是因为在追寻的过程中，他们经常发现内心真正的需求与追寻的事物出现了偏离。他们时常感觉身心疲惫，左右为难，摇摆在自我期望与社会期望之间。

每一次的选择，每一次的决策，都让有自我矛盾剧本的人感觉如同在鸿沟的两端跳跃，不断试图找寻一个平衡点。他们也许会想到逃避、退缩，但他们内心深处的理智告诉自己，这些矛盾，这些挣扎，都是必须要去面对的。

破解之法

我们需要认识到，矛盾是生活的一部分，是个体成长的必经之路。真实的自我并非固定不变的，而是在不断地选择中磨砺和成长的。人生，就是一个不断认识自我，寻找自我，然后超越自我的过程。

接纳原生家庭是跳出自我矛盾剧本的一个关键。原生家庭的价值观、期望和行为模式在每个人成长的过程中都留下了深深的烙印。这些影响会导致很多人肩负成长、生活的压力，甚至试图抗拒或逃避它。然而，这些都是成长的一部分，是人生的一部分。所有人无法否定它们。接纳原生家庭，就是接纳那个由这些因素塑造出来的自我。

当然，陷入这一剧本的问题不只是接纳原生家庭。跳出自我矛盾剧本的核心是要认清自己真正渴望的东西。有自我矛盾剧本的人往往在"自己的内心"与"外界的期望"之间游走，感到迷茫和困惑。只有明确、坚持自己的本心，倾听那来自内部的声音，才能明确自己的真实需求与期望，并据此塑造自己的生活。在真正理解和接纳自己之后，才能找到属于自己的道路并走出困境。

生活充满矛盾，自我也同样如此。矛盾并不可怕，可怕的是无法面对矛盾。在矛盾与挣扎中,我们找到自我,定义自我,然后超越自我。这是生命的奇迹,也是生命的意义。

这是一个勇敢的过程,需要勇气和决心。请记住,只有真正接纳自己,才能找到属于自己的道路,才能活出真正的自我。

◎自我比较剧本

自我比较剧本的真相

"自我比较剧本"是一个复杂的剧本,它构成了很多人的特定行为和情绪。深陷其中的人似乎不断地处在比较和竞争的旋涡中,用"赢"来获得价值感,让自己沉溺在无尽的竞争和压力之中,使得自己深感疲惫。

自我比较者会认为,只有通过比较和胜过别人,才能证明自己的价值。所以他们在生活中不断地努力、奋斗,试图在各种竞争中胜出。这是一种内在的驱动力,使他们处于不断的压力和挑战之中。

然而,这种比较和竞争更像是把价值感与"赢"混淆的结果。在这种思维不断强化的过程中,有自我比较剧本的人会失去生活的平衡,而付出更大的代价,比如健康,比如忽视生活的意义。

破解之法

想要走出"自我比较"的剧本,我们需要重新定义什么是"胜利"。不要仅仅关注在一条道路上的争夺,而是要扩大视野,去看看世界的广阔和无限可能性。人生不应被困在一条竞争的小路上,而是需要走向宽广的大道,去拥抱那些未知的、无限的资源。

在这个过程中,我们需要一些勇气和决心,需要打破固有的观念,去探索那些未知的领域。但是,当他们作出这个决定的时候,会发现生活变得更加丰富和多彩,人生观、价值观也会发生深刻的改变。

此外,我们需要认识到,快乐和满足感不仅仅来自"赢",而是来自我们的内心。快乐和满足不仅仅是追求比赛中的胜利,而是认真品味生活的千姿百态。珍视和享受生活中的每一刻,不再仅仅关注那些竞争和比赛,才能够感受到幸福的味道。

在此,我需要各位同学深刻认识到这样一条真理:"不是赢了就快乐,而是快乐了就已经赢了。"

这条真理告诉我们,我们的生活不应该被比赛和竞争所主宰,我们的生活应该由我们自己的快乐和满足感所填满。只有这样,我们才能真正地过上自己想要的生活,真正地活出自我。

我们不应该让比较和竞争成为我们生活的全部,我们应该把注意力转向自己,寻找那些真正属于我们自己的价值。只有这样,我们才能真正地获得内心的宁静和满足,让我们的生活更加充实和有意义。

◎自我孤独剧本

自我孤独剧本的真相

"自我孤独剧本"的主角们常常在一片无尽的孤独中挣扎,不知道如何与自己建立起良好的关系,对孤独感到害怕,同时又深深恐惧着自己的价值缺失。有时,这些自我孤独者甚至在自己的能力范围之外寻找拯救他人的机会,以此弥补自我价值的缺失。但实际上,孤独者真正需要的,是树立和确认自身的价值观。

在这个"自我孤独剧本"中,个体往往会陷入自我否定和价值迷茫的困境中,他们渴望和自我和解,但却不知道如何去做,从而产生了一种强烈的孤独感。然而,孤独感并非源于外界,而是源于他们对自我理解的匮乏和对价值观的缺失。

此外,出于对价值感的追求和自我价值的认同,孤独者常常会走向另一个极端,试图通过"救世"的方式去找寻自我价值的肯定。然而,这种过度的自我要求,往往会让自己在巨大的压力下感到更加疲惫和孤独。

破解之法

"自我孤独剧本"背后都体现着这样一个问题：有自我孤独剧本的人在追求外在认同和接纳时，逐渐忽略了内在的真实声音。所以，破解这个剧本要从拥有这个剧本的人的真实的内心出发，使他们勇敢面对真实的自我。

有自我孤独剧本的人都在避免面对自己真实的情感和需求，因为担心它们不会被外界接受。但只有通过勇敢地面对、表达和接纳真实的自我，才能重新获得那份被孤独遮蔽的内心能量。

内心的真实性其实是我们勇敢面对人生的坚实力量，当有自我孤独剧本的人开始尊重和关注自己真实的需求、感受和价值观时，人生剧本就会逐渐从孤独转变为连接。因为真实的心有一种磁性，它能够吸引到更多与自我产生共鸣的人。

所以，我希望有自我孤独剧本的人以"心越真实越有力量"为原则，对现有的人生剧本进行审视和重写。去掉那些不真实的部分，加强那些与真实自我相符的情节，让生命剧情更加真实而充满力量。内心的真实性将是破解"自我孤独剧本"最强大的武器，所以只有真正地回归自我，才能真正地与世界连接，而不再感受到孤独。

◎ 自我控制狂剧本

自我控制狂剧本的真相

有自我控制狂剧本的人,是指那些总是渴望控制他人的人。这些人有一种强烈的需求,需要让周围的人听从自己的意愿,以满足自己内心的安全感和优越感。自我控制狂的口头禅常常是"你应该怎样做","为了你好,你应该怎样做"。这些人可能因为生活环境,或者从小受到父母控制的影响,形成这种控制他人的行为模式。但是,这样的行为通常会导致他人的反感和抵制,从而让自我控制狂陷入更深的矛盾和冲突中。

大多数情况,自我控制狂出现在父母过度控制的环境中。当这些人长大后,会对他人实施同样的控制行为,因为这些人认为这是正常的。但实际上,这种行为往往会使他人感到被压迫,被剥夺了自由。

与此同时,有些人因为无法对抗父母的控制,选择自暴自弃,进而成为有自我迷茫剧本的人。这是一种痛苦的自我保护机制,他们通过控制他人来获取权力感和存在感。

破解之法

有自我控制狂剧本的人想要跳出这个剧本,首先要认识到,要尊重他人、信任他人，真正的爱是无条件的支持与肯定。因为控制的实质是缺乏信任与安全感，是一种因恐惧而产生的过度反应。有自我控制狂剧本的人总是试图对他人的行为、思维甚至感情进行控制，以寻求一种虚假的安全感。然而，他们往往忽视了一个重要的事实，那就是每个人都是独立的个体，有自己的思想、感情和选择。过度的控制不仅不能带来真正的安全感，反而会破坏人际关系，引发他人的反抗和排斥。

这就需要控制狂学会面对内心的不安。只有接纳并化解它，才能真正地对自己和他人产生信任。这并不是一件容易的事，需要时间和耐心。只有当自己学会信任，愿意放手时，才能真正感受到生活的美好和丰富。

同时，有自我控制狂剧本的人也需要理解，信任并不意味着完全放任，而是在尊重他人的基础上，适度地给予关心和帮助。这是一种健康的互动方式，能够带来更深的人际连接和更丰富的人生体验。

我们应该明白，世界并非只有黑白两面，每个人都用自己的方式去处理事情，而我们也只有承认多元的世界，才能实现内心的和谐。

第四篇　自我剧本：回归本心，与自己和解

◎ 自我讨好剧本

自我讨好剧本的真相

自我讨好剧本是一种扭曲的自我认知模式，主要表现为过度在意他人的观点和期待，以此来建立和维持自我价值。身处这一剧本的人，会尽全力去迎合他人的期望，甚至忽视和牺牲自己的需求和情感。这些讨好者希望通过不断地讨好他人来获得认同和爱，然而这只会使他们越来越远离真正的自我。

对此，我的评价是真正的价值感，不是源自他人的称赞，而是源自对自我真实认知的肯定。

这类剧本的形成，往往与成长环境有关。父母或者其他重要的成长伙伴，可能过度强调"得体的表现"和"讨人喜欢"的重要性，使得孩子认为，只有让他人满意，自己才有价值。这种误解的矛盾在于，讨好者希望被他人爱，但却不相信真正的自己会被接纳和爱。因此，这些人会掩饰真实的自我，展现出一个令人满意的虚假形象，而在这个过程中，讨好者的真实情感和需求会被严重忽视。

必须承认，讨好者的情绪会极度依赖他人的评价，一个简单的批评或者不满，可能会引发他们的强烈情绪反应。这是因为他们在自我价值的建立上过于依赖他人，以至于他人的意见和评价会成为他们情绪的重要影响因素。

在这样的剧本中,讨好者会付出巨大的努力去取悦他人,但忽视了对自己的照顾和关爱,进而导致自我价值感的缺失。最终,在无尽的讨好中,他们失去了对自我真实感知的能力。

破解之法

在自我讨好剧本中,一个关键的自我恢复步骤是关注自己的内心感受和需求,学习在适当的时候对自己不愿意的人或事说"不"。这一步不仅要求讨好者认清和接纳自己的内心真实,也需要他们有足够的勇气和决心去保护和维护自己的界限。

有时候,最好的自我照顾,就是勇敢地说出"不"。过分地讨好往往源于对自我价值的误解,有自我讨好剧本的人认为,只有被他人接受和喜欢,自己才有价值。但实际上,真正的价值感来自自我认知和自我肯定,而不是他人的评价。因此,这些人需要多问问自己:我真正想要的是什么?我需要什么?这些问题的答案,能帮助他们更深入地了解和接纳自己,同时也是自我肯定和自我价值感建立的基础。

自我价值感的源泉,不在于他人的眼光,而在于对自我的深度了解和接纳。我们要明白,让所有人都满意是一个不可能完成的任务,甚至是一种对自我的虐待。每个人都有自己的观点和期待,而我们无法满足所有人。更重要的是,我们的价值并不依赖于他人的满

第四篇 自我剧本：回归本心，与自己和解

意度，我们完全有能力成为自己的支持者和后盾。

我们需要摆脱让人人满意的幻想，把焦点从他人的评价转向自我，学习和练习自我照顾，自我肯定，以此建立坚实的自我价值感。

你永远无法做到人人都会喜欢你，那没关系，因为你喜欢你自己就足够了。

案例分析

曾经，有一位30岁的女士找到我，对我讲述了她的一段生活经历，向我阐述了为何在30岁的年纪，她已经丧失了生活的希望，断言自己的人生只有痛苦。

30岁，一个人从年轻气盛走向成熟的分水岭，这个年龄是我们坚定事业观，明确人生目标的最佳年纪。但从这位女士口中，我发现她是一位受原生家庭影响，并陷入了自我讨好剧本的渴求者。这一状态下她形成了极度悲观的人生观，对生活、事业丧失了希望，并逐渐沦向无望者。

我不方便透露她的姓名，因为她的名字带一个"雅"字，所以我平时会亲切地称呼她为"小雅"。小雅从小就是父母与长辈眼中的乖乖女，作为独生女，父母的希望全部寄托在她身上。她对我描述自己的过往时，还清楚地记得求学期间自己的努力与拼搏，向我讲述从初中开始每天学习到深夜，疲惫的眼睛坚持在书本和试卷之间切换，只为能在期末带给父母一份满意的成绩单，看到父母脸上的喜悦和自豪。

她告诉我，她的童年、少年时期在很多人眼中是完美的，但她并不快乐，她感觉自己没有童年。因为她记忆中的一切都必须做到尽善尽美，犯错是不能被接受的。这让她长大后，习惯于在别人面前展示最完美的自己，隐藏自己那些不完美的一面。

讨好他人已经成为她生活的一部分，她忍受着压力，承受着失去自我的恐惧。直到今天她依然不能接受自己犯错，拼尽全力想要展现出优秀、完美的形象，但这也让她渐渐忘记了如何去做真实的自己。有时候，她会疲惫得想要放弃，但是一想到家人和朋友的期望，她又会咬牙坚持下去。

每当独处的时候，她会感觉到一种莫名的焦虑。她害怕静下心来面对自己，因为那会让她看清现实。她好像已经忘记了自己是谁，她从没有思考过自己真正的需要和喜好是什么。甚至在30岁的年纪她还不知道自己的理想和目标。她能够感受到一种人生的可悲。尤其随着年龄增长，她越发感觉自己像一个空壳，只会按照他人的期待和规定行事。

小雅身处的压力如同一个无形的魔咒，让她越来越疲惫，内心充满了矛盾和挣扎。她深深感觉到自己在丧失自我，但却不知道

第四篇 自我剧本：回归本心，与自己和解

如何才能挽救。30岁生日那一天，她在朋友圈里无意间看到了我的人格能量课程，她发现课程中我对渴求者的形容与自己的状况完全一致，这一刻她封闭的内心开始出现一道裂缝。正是这一天，她毅然决然地成了我的学生。

随后的半年时间里，在人格能量理论的帮助下她逐渐意识到，原来自己一直在走一条属于别人的路，按照别人的期望去生活。那种觉醒的感觉让小雅深受震撼，她开始认真思考自己的问题。

她发现，自己陷入"自我讨好剧本"是因为她在过度迎合他人，忽视了自我。这也解释了为何她成年后不喜欢回家，因为在她的潜意识中父母带给她的首先不是幸福和温暖，而是压力。

同时，她也陷入了"自我迷茫剧本"当中。在表面光鲜的生活中逐渐迷失自己，甚至无法认识到快乐的源泉，自身的优势，对自己的未来感到迷惘。

在人格能量课程的学习过程中，小雅开始了自我反思，她试图理解自己过去的行为模式，尝试挣脱过去讨好他人的习惯。这个过程并不容易，小雅时常会陷入自我怀疑，但是她从未放弃。

我清楚地看到，在这一过程中，她是如何把注意力转向自己，如何对自己的需求和感受负责，如何表达自己真实的想法的。我也会时常听到，她提醒自己："我是有价值的，我无须依赖他人的认同来证明自己。"

慢慢地，小雅感到自己在变得更加自信和坚忍。她开始理解和接纳自己的父母。她明白，父母的所作所为，并非对她的否定，而是他们自己的恐惧和无力感的表现。她学会了用更理解、更宽容的心态去看待他们，从而修复了与父母的关系。

挣脱剧本并不意味着生活就能立刻变得美好，但小雅已经有了更多的勇气和自由，去面对生活的挑战。她开始活出真我，温暖了自己，也温暖了周围的人。

小雅的改变不仅赢得了家人的尊重和接纳，让她开始活得更加自由和快乐。她成了自己生活的主角，也给人们带来了温暖和力量。每当小雅与其他同学分享自己的蜕变经历时，她都会说这样一句话："当你不再需要他人的认同时，你才能真正自由。"这不仅仅是她的个人感悟，更是很多讨好者需要认知、理解的人生智慧。

尤言心语

成功来自协作和交换，打开自己，才有机会。

人所处的阶段不同，看问题的角度不同，看到的世界也就不同，达到的高度也就千差万别。

生活就是这样，你越害怕，困难就越多，而当你什么都不怕时，一切反而没那么难。

第五篇

情感剧本：获得被滋养的幸福关系

在我们的生命旅程中，情感的交织与互动扮演了至关重要的角色。人类是由感情连接在一起的。每个人都如同浩瀚的大海中的一滴水，我们在这个无比广阔的人际网络中寻找自我，并在交织的情感中找到自己的位置。无论职业地位高低，物质财富多少，缺乏深厚且真挚的情感体验，生活都会空洞乏味。我们要学会与他人缔结情感，这就是我们的感情剧本。它既是我们生活的方式，也是我们感知世界、理解自己的方式。

情感剧本的认知

情感剧本是我们人生情感的体现方式，是我分析大众情感问题之后，结合人格能量细分出的人生剧本类型。人是富有情感的生命体，每个人都有属于自己的情感剧本，这也是我们修行的课题之一。我们只有不断探索自己的情感剧本，改善自己的各种情感关系，才有可能创造自己的幸福人生。如果一个人没有感情滋润，人生是比较空洞的，所以情感剧本对每个人来说都非常重要。我们每个人都要重视个人的情感剧本，探索影响情感剧本的因素，完善自己的情感剧本，从而使自己获得更好的人生。

很多人都能够发现，自己每个人生阶段的感情经历都惊人的相似。其实，这并非我们天生受宠，或者是吸引负能量的体质，而是感情剧本演绎的必然结果。当我们陷入某种情感剧本当中，扮演着固定的角色，我们的感情经历便会陷入固定的轮回。

感情绝对是大众幸福感的重要组成部分，尤其对于年轻人而言，感情更是改变人生成长的一大因素。但相关数据显示，我国离

第五篇　情感剧本：获得被滋养的幸福关系

婚人数不断增加，但相比国外还是少的。比如，美国的离婚率高达53%，浪漫之都法国的离婚率高达55%。

情感，本应是滋养人的心灵，使人们互相促进、互相融合的美好体验。但许多人将其视为自己的渴求，渴望在这个看似美好的感情中找到自己的完整。事实上这样一种感情憧憬，并非真正的感情表达。因为真正的爱是自我完整后的产物，而不是一种对完整的渴求。

总结现代人离婚率高、年轻人不愿意结婚的原因，更多在于人格能量的不足。许多人都在努力寻找一种感情来弥补自己内心的空缺，他们期待找到一个人，一个可以修补他们不完整的人。他们在这个过程中，可能会误以为这就是爱，他们以为自己不能离开对方，但实际上，这只是他们内心深处的恐惧和索取。

我们必须理解，低人格能量的人无法真正地去爱别人。他们所展现出来的"爱"，实际上更多的是在满足自己的欲望和恐惧。这种爱是不纯粹的，它带有隐秘的目的性，有时甚至连他们自己都不完全清楚。在某些情况下，他们认为的"爱"其实只是对另一方的依赖或是害怕失去对方，而非真正的爱意。人无法给出自己所没有的，因此他们所给出的也并非真正的爱，同时他们也难以获得真正的爱的回馈。这种低能量层级的"爱"，并不是滋养，而是枷锁，它源自内心深处的恐惧和索取，难以真正建立稳定的感情，并且也更难以获得长久的幸福。所以，我们必须具备足够的人格能量，才能真正体验到爱的美好和力量。

感情，如同阳光般的存在，渗透在我们的生活当中。健康的生活应当充斥着爱情、亲情、友情这些重要的感情元素。这些感情元素的缺失，会导致我们感到孤独和迷惘，陷入自我剧本的困境。然而我们要清醒地认知，感情的存在并不是为了让我们避免陷入困境，而是为了让我们生活得更加充实和有意义。

总体而言，感情剧本是我们的感情经历、感情态度和处理感情事件方式的综合体现。它既包括我们与他人的人际关系，也包括我们对待爱情和婚姻的态度。这是我们在生活中需要面对和处理的重要课题。

每个人都有属于自己的情感潜意识，这些潜意识会无形中为我们设定情感剧本，我们会在不知不觉中遵循这个剧本的引导，经历类似的感情体验。

"发现意识和潜意识的影响，发现并改写自己的情感剧本，幸福就在我们眼前。"这是我想要给大家的一个重要提醒。感情关系需要双方共同维系，如果只有一方过于积极，往往会使得另一方感到压力过大，关系也会因此变得紧张。我们要学会如何和他人和谐相处，如何在关系中获得舒适感。一个人只有懂得如何与他人相处，才能获得真挚的感情；一个人只有提高自身的人格能量才能够正确地

第五篇　情感剧本：获得被滋养的幸福关系

表达感情，才能在感情的世界中游刃有余，享受到真正的幸福。

◎ 如何与自己相处

与人建立深层次的关系，首先应当学会与自己交往，了解和爱自己。与人交往的第一步，是学会与自己交往。我们可以先审视自己的内心，了解自己的优点和缺点，当我们懂得趋利避害，尊重并爱护自己时，我们才能够在与他人交往中获得同样的尊重和爱。

在实际生活中，有些人常常误解"什么是真正的自爱"。比如，有人认为自爱就是任性地按照自己的心意行事，从不委屈自己，也不让自己处于疲惫、焦虑的状态。但我看到的是，这更多体现为自我放纵和逃避，而非真正的自爱。

真正的自爱，是把自己当作恋人来相处。我们应该像对待恋人一样去了解自己，去照顾自己，关心自己的情绪和健康，让自己保持良好的状态，减少外界的伤害，保持内心的舒适。在这样的关注和照顾下，我们可以使自己变得更加精致、有魅力。

当我们学会如何与自己相处时，我们就能在与他人的交往中更加从容不迫，更加明智地处理人际关系。在这个过程中，我们可以根据自己的意愿去创造出我们渴望的感情。

◎如何与外界环境相处

在了解了和谐地与自己相处之后，我们需要进一步学习如何与外界环境相处。这里说的外界环境并不是我们所处的物质环境，而是我们日常生活中不可或缺的浅层人际关系，如与同学、同事和朋友的互动。与深度情感如恋爱不同，这些关系更多地反映了我们在社会中的角色与地位，但很少涉及真实的自我。事实上，绝大多数人在处理这种关系时，都会选择保留自己的真实情感和想法，因为在这样的互动中，展示真实的自我并不总是必要的，甚至有时是不明智的。在与外界环境相处的过程中，我们需要把握三个关键点：明了自我、清晰边界感、不讨好他人。把握住这三个关键我们便可以在任何关系中舒服地做自己。

比如，不止一位学生向我表达过处理社会关系时的相同困惑，学生表示自己是一位真诚的人，但还是不能够处理好自己的社会关系。这大多因为在人际交往中他们没有建立清晰的边界。边界感意味着我们能够识别自己的情感、需求和责任，并与他人明确地划分。这可以防止我们过多地"投射"自己的情感和认知到他人身上，也可以帮助我们更加客观地理解他人。"投射"是一个心理学名词，是指我们将自己的思想、情绪、态度、意愿无意识地反映到他人身上。

第五篇　情感剧本：获得被滋养的幸福关系

投射主要分为两类：同频投射和互补投射。同频投射是我们将自己的感情、认知、思维无意识地强加到他人身上；互补投射则是我们把自己缺失的情感、负面认知无意识地强加到他人身上。这两种投射都会使我们在处理浅层关系时遇到困扰，因为它们会使我们无法客观地理解他人。

我曾经观察和研究了一些在人际交往中很有技巧的人，他们都能够在与人交往时保持客观的态度，他们关注对方的投射方式，并根据这些方式调整自己的交流方式。所以，学会识别并调整自己的投射方式，是处理人际关系的关键。

例如，一位女孩曾向我表示，"世界上的男人没有一个好东西"。我对她说："你是一个非常警惕的女生，这是你自我保护的方式，请你觉察一下这样的观点给你带来了什么好处和坏处？"在我后续的引导下，她逐渐发现了自身的问题。

通过识别和调整自己的投射方式，我们可以更好地理解和应对人际关系中的问题。投射是我们处理人际关系的一种常见思维定式，只有打破这种定势，我们才能真正掌握人际交往的主动权。打破这种思维定式的关键在于：深刻认识自己，但在浅层关系中审时度势地选择展现何种自我。当你能够客观地看待浅层关系，把自己的主观意愿保留在心里，那你就可以将对方放在舒适的位置，使彼此的交流更加轻松和愉快。

我们都是社会的一分子,而如何与社会中的人建立和保持良好的关系,是我们在生活中不可或缺的技能。如果我们能够理解和掌握投射的机制,并学会调整我们的投射方式,那我们就可以在与他人的交往中更加得心应手,建立和保持更多的良好关系。

◎ 如何与亲密者相处

深度的亲密关系,如伴侣、父母和子女之间的关系,需要我们格外谨慎处理。不仅要关注自己的投射行为,更要警惕避免将他人的投射接纳为自己的认知。

我通过研究发现,我们在与亲密者的互动中投射频率高于处理较为浅层人际关系的投射频率。因为在亲密的关系中,我们更容易表现出真实的自我,这种状态使我们的主观认知得以体现出来,但也可能带来情绪上的伤害。当我们过度依赖投射时,我们就容易忽视他人的真实感受,而过分关注自己的期待和情绪。

比如,当一个人深爱着自己的伴侣时,她可能会产生互补投射,认为对方也同样地爱她。这种思维模式使得她可能会忽视对方的真实感受,过分依赖自己的主观认知来驱动两人的关系。当出现与自己的期待不符的情况时,问题往往就会扩大化,进而升级为"爱与不爱"的问题。事实上,这只是因为我们太过于依赖投射的

第五篇　情感剧本：获得被滋养的幸福关系

方式来理解他人，从而忽视了他人的独立个性和真实感受。但很多人会因为投射思维，坚持认为"他不爱我"或"他不够爱我"。

我曾经为一对情侣进行过心理辅导，双方有多年的深厚感情，但一段时间内经常发生争吵，女生认为男友"不关心自己，不够爱自己"，男生则认为女友"无理取闹"。

他们最近一次争吵是因为"双十一"购物，女生准备在"双十一"期间为男生购置多套衣物，男生认为两人的婚事渐近应该节省。在这次争吵中，女生表示十分委屈，因为她准备购买的衣物大部分是为男友买的，自己如此关心对方不仅没有收获感激，反而被反驳。而男生也表示十分不解，因为女友工作比较辛苦，自己节省一点也是为了体谅女友，没想到女友反应如此强烈。

从两人的表述中，我看出女生对男友进行了互补投射，男生对女生实施了同频投射。两人的行为都是关爱对方的表现，但都无法得到对方的认可。解决这一情感问题关键不是让某一方妥协，而是让双方同时认识到投射的影响。我为两人解释了投射心理的作用，之后双方都愿意退让。我对二人后续相处提出的建议是，遇到问题时不要着急责怪对方，要先思考自己投射了哪些思维和情绪。

除情侣之间的投射影响之外，与父母、孩子的相处更需要警惕投射的传递。大多数陷入上述情感剧本的人，都受到过原生家庭的伤害，尤其与父母相处时，父母的投射对其产生了深远影响。

比如，成长在感情不和家庭、单亲家庭的孩子，父母与孩子沟通时，潜意识会进行同频投射，把自己的受伤心理传递给孩子。孩子长大后就容易陷入感情恐惧、感情嫌弃、感情背叛剧本。这种影响会导致父母的感情悲剧在孩子的人生中延续。

因此，我们与父母、孩子相处时要警惕自己的投射心理，避免把负面感情投射到亲密者的人生剧本当中。我们要记住，我们的感情并非由他人的反对或接受决定，而是由我们自身的认知和理解决定。当我们遇到问题时，需要首先审视自己是否在投射，而不是急于去责怪他人。我们的投射可能无形中延续了原生家庭的伤痕，影响着我们的情感生活。在处理亲密关系时，我们的任务不仅是表达真实的自我，更是要尊重并理解他人的真实感受。

第五篇 情感剧本：获得被滋养的幸福关系

情感剧本的类型

感情决定着人类的精神体验，我们必须学会与人相处，建立起情感纽带。和谐愉快的情感关系能够减少人的烦恼。当然，一段不愉快的感情也会给你带来伤害。但正是丰富的情感经历给人带来人生百味杂陈，让我们的人生体验丰富多彩。

正常情况下，人的情感剧本喜忧参半，对大多数情感能够主动把握，但低人格能量群体在情感关系中难以找准自身位置，导致情感失控，诞生大量剧情悲惨的情感剧本，而我将这些剧本分为十类。

◎感情恐惧剧本

感情恐惧剧本的真相

感情恐惧剧本的核心在于对各种感情状态存在的深深恐惧，这种恐惧表现为对单身、婚姻以及爱情的忧虑。这种恐惧的根源往往来自外界的影响。例如，来自父母的观念灌输，将"结婚"等同于"人生完整"，将"单身"视为一种缺失状态。

我时常对自己的学生说："我们带着恐惧与焦虑去寻找爱，往往会把对方吓跑。"因为这种恐惧感会将我们推入一个压力沼泽，使我们忽略真爱的本质和真实的自我需求，而过度追求"不单身"的状态。这些焦虑的恐惧能量，还会将身边潜在的伴侣吓跑。因为对方能感受到与之相处时隐藏的强烈焦虑与不安，进而本能地远离。

陷入感情恐惧剧本的人需要认识到，恐惧和焦虑并不能帮助我们找到真正的爱情。只会在感情中带来各种问题。无论是单身还是进入一段关系，陷入感情恐惧剧本的人都需要检视自己是否带有恐惧的频率，以此评估自己的感情状态。

如果想了解自己是否带有恐惧的频率，可以试着问自己一些问题。比如，如果自己一直单身，你认为会有什么样的问题？如果自己离开另一半，你认为会有什么样的问题？这些问题能够帮助陷入感情恐惧剧本的人看清自己背后那些可能存在的情感负能量，然后去解决和摆脱它们。

恐惧和欲望的频率只能导致陷入感情恐惧剧本的人更加迷失，如果能看见这些负面，转化成祝福，他们的感情则会更幸福。有时候，恐惧可能源自对孤独的害怕，或者对婚姻可能带来的负面影响的担忧。

第五篇 情感剧本：获得被滋养的幸福关系

比如，我有一位1986年出生的男性朋友，家庭条件优越，形貌良好。但是他却一直找不到合适的女朋友。尽管他身边有许多优秀的女性，但始终无法找到适合自己的感情。他对我表示困惑，不明白为什么自己始终无法找到合适的伴侣。

通过了解他的情况，我发现他其实并没有做好承担婚姻责任的准备。他一方面渴望拥有家庭，和同龄人一样，结婚、生子，过上幸福稳定的家庭生活。但另一方面，他内心又对婚后生活充满恐惧。他担心结婚后会失去自由，恐惧承担养家的压力，担心婚姻会限制个人发展。

这样的恐惧和担忧使他对感情缺乏信任和安全感，潜意识里对感情抱有恐惧，这使他无法全身心地投入到一段健康的感情关系中。

同样，我们的生活中还存在很多害怕孤独的人，这些人出于对孤独的恐惧不断寻找能够消除自己孤独感的伴侣，但这些人没有意识到，怀有这类负能量并没有办法寻得真爱，反而会让自己更加孤独。

当你对感情抱有恐惧和担忧时，你在潜意识里就会把可能的幸福推开。而害怕孤独，一味地向外寻找爱，只会让你遇到更多感到孤独的人和事。

破解之法

朋友的例子是为了清晰展示感情恐惧剧本对个人的影响。它让我们看到，只有勇敢面对自己的恐惧，并处理好这些恐惧，才能真正地去追求自己想要的爱情和生活。

例如，有些人因为害怕婚姻会束缚自由，抑或者害怕承受不了婚后的经济压力等，所以这些人选择保持单身。但我们需要明白，这些恐惧并不能决定你的未来。

只有当我们能诚实地面对自己的恐惧，才能真正理解自己的需求，并找到最适合自己的爱情。因为真正的爱情，是建立在两个独立、完整的人之间的。它不应该是出于恐惧，而应该是出于爱。

认知感情恐惧剧本是为了让更多人认识到自己的恐惧，帮助他们去除那些阻碍自己寻找真爱的障碍。在理解并释放恐惧之后，他们将更有可能找到属于自己的真正爱情。

我希望，无论你单身或恋爱，面对恐惧，要接纳自己。因为你值得被爱，值得拥有爱。当你学会面对恐惧，看清你自己，你会发现，原来自己就是你生命中最重要的人，你有权利、有能力，去选择自己想要的爱情和生活。只有你，才能定义你的幸福。

第五篇 情感剧本：获得被滋养的幸福关系

◎感情孤独剧本

感情孤独剧本的真相

感情孤独剧本的标志是一个人在建立亲密关系方面存在困难，无论是情侣关系还是朋友关系。陷入感情孤独剧本的人往往难以找到真挚的感情，也很少有深交的朋友。这是因为"孤独"这两个字已经深深地烙印在这些人的感情和人际关系当中。

感情孤独剧本的形成往往与人的童年成长经历有关，若一个人在童年时期未能学会如何建立持久的良好关系，成年后就很容易陷入感情孤独剧本。例如，有些人童年时经常转学，频繁地改变生活环境，与他人建立良好关系时总会被迫终止，久而久之这些人的潜意识中会因为害怕体验分离的痛苦，而逐渐失去主动建立良好关系的主动性。

我有一位学生的情况正是如此。遇到我时，他正处于感情孤独剧本当中。他向我表达，自己的恋爱史非常奇怪，每次恋爱时最初情况总能安好，但在恋爱一段时间后两人就会因为各种琐事争吵、分手。我了解到他的童年经历了很多次转学，每一两年就会转一次。因此，他的潜意识中有一种观念——每隔一两年，我身边的人与环境就会发生极大改变。于是，只要交往时间过长，他就会无故与身边人发生冲突，停止彼此交往。在他的生活中，没有长久的朋友,除了亲情之外也没有其他持久的感情。

我询问过他,是否自己总结过原因,但他回答说,时间久了感情就淡了。他没有意识到这是孤独剧本在作怪。在每段感情开始时,他的潜意识已经预见到这段感情即将结束,于是他就制造了各种理由去分开,直到目标达成。

正因为如此,陷入孤独剧本的人在生活中常常感到孤独,他们很难拥有持久的亲密关系。正所谓当你真心对待生活时,生活也会以同样的方式回应你。我们的内心剧本会影响我们的人生走向,我们需要正视它,然后尝试去改变它。将感情孤独剧本视作一个挑战,去学习和练习如何建立和维持关系,这将会使我们的生活产生重大的变化。

破解之法

破解感情孤独剧本的钥匙其实一直在我们自己手中。我们的过去,我们的感情经历与内心的痛苦构成了我们的感情孤独剧本。所以想要破解这一剧本,我们需要了解它的起源。

尝试写下那些曾让自己深感痛苦的分离经历,用心去回想,去理解它们对自己的影响。这些记忆可能会引发痛苦的感受,但请相信我,这是一个非常有价值的过程,因为正是这些痛苦让我们变得更加强大和明智。

然后，尝试从更高的维度来看待这些经历。这如同从山顶俯视你走过的道路，你会拥有更广阔的视角，更深远的见解。从这一角度来看，那些伤痛和分离并不是我们生活的全部，而是人生道路上的一部分，是塑造我们的工具。我们不再是它们的受害者，而是它们的学习者。试着理解，每一个伤心的经历都让自己更强大，更自知，更有力量去面对生活。

此外，这个过程也需要引入一种正向的力量，这是一种从内心深处产生的力量，是一种积极的、坚忍的、包容的力量。这种力量可能来自我们的信念，来自我们对生活的热爱，来自我们自我超越的追求。使用这种力量去看待过去，我们会发现，只要不再被过去束缚，眼前就会展现出一条全新的道路。

我们要明白，感情孤独剧本不是枷锁，而是成长的跳板。它带给我们的不仅是痛苦，更是一次次的成长和超越的机会。从这个角度来看，每一次痛苦的分离都是人生的一份宝贵的礼物，是一次让自己变得更加强大、更加有智慧的机会。我们需要做的，就是勇敢地接受它，然后用自己的力量去超越它。

◎感情渴求剧本

感情渴求剧本的真相

感情渴求剧本的主角往往在深深的孤独中渴望被爱，他们希望通过别人的爱来确认自我价值，他们在别人的爱中寻找生活的确定性和安全感。然而，这个渴望往往会引发一系列的问题，包括自我价值的丧失、依赖感情的困境，以及重复受伤的循环。

感情渴求剧本的起源可以追溯到童年时期。如果一个人在童年时期，父母总是以一些条件来给予爱则很容易让其产生错误的感情认知——我必须要做得足够好，才会得到爱。比如，父母在孩子表现好时说："太棒了，妈妈/爸爸特别爱你。"而在孩子表现不好时则会指责："对你好有什么用？只会让我们生气。"受这种家庭教育的影响，这些人的潜意识会认为爱是一种奖励，而不是无条件地存在。

为了得到这一奖励，他们可能会作出各种讨好的行为，或者对自己有过高的要求。他们会一直试图证明自己的价值，希望通过这样的方式来赢得爱。这类行为会让他们在感情关系中长期处于被动的位置，容易受到伤害，缺乏感情自信，又极度渴求真挚的感情。

陷入感情渴求剧本的人普遍缺乏自爱，缺乏自信。他们不了解自己，不尊重自己，会把自己的价值寄托在别人身上，希望通过得

第五篇 情感剧本：获得被滋养的幸福关系

到他人的青睐来证明自己的价值。

在生活中，陷入这一剧本的人在恋爱中会常常感到迷茫和无力，他们希望通过恋爱来找到生活的确定性和可控感，会投入大量的精力和感情，试图赢得对方的喜欢，但这样的努力往往会使他们在感情中受到更多伤害。

破解之法

每当遇到陷入感情渴求剧本的学生，我总会耐心提醒："爱不是换来的，真正的爱是本身就在，是无条件的。"如果我们想获得真爱，需要首先学会爱自己，尊重自己，信任自己。我们需要明白，自己的价值并不取决于别人的看法，而是取决于自己的态度。我们需要坚守原则和底线，需要做一个值得被爱的人，而不是做爱情的傀儡。

爱，是一种复杂而又美好的情感，它需要被正确理解，需要被精心培育，更需要以最真诚的方式去体验。我们要先学会爱自己。但爱自己并不意味着自私或者以自我为中心，它是一种尊重自己的方式，是一种对自己的尊严的坚守。我们应该了解自己，认识自己，接受自己，欣赏自己，尊重自己，应该对自己的身心健康负责，对自己的行为负责，对自己的生活负责。只有这样，我们才能真正地去爱别人，才能在爱的世界里找到真正的幸福和满足。

一个失去自我的人，连自己都不爱，根本不知道什么是爱的感觉。别人即使想爱他，也没有办法去真正地爱他，因为他没有给世界提供一条清晰的爱自己的路。

我曾经说过："生活不是别人给予我们的，而是我们自己创造出来的。"爱也是如此，爱不是别人赐予我们的，而是我们自己培育出来的。如果我们希望找到真爱，就必须先学会爱自己。只有这样，我们才能跳出感情渴求剧本，真正地感受到真挚的感情，享受到爱的幸福。

◎感情背叛剧本

感情背叛剧本的真相

所谓感情背叛剧本，是指一个人的感情生活充满担心、怀疑，总是在试探和验证，在潜意识的驱使下不自觉地寻找证据，证明另一半的不忠诚。

陷入这一剧本的人会变得敏感多疑，忧虑不安，总是在担心另一半会背叛自己。这样的行为和态度事实上是在自我设限，是在破坏自己的感情。

感情背叛剧本是自我保护的一种表现，所以大多数陷入这一剧本的人无法及时意识到自己正处于感情背叛剧本当中。测试自

第五篇 情感剧本：获得被滋养的幸福关系

己是否陷入了感情背叛剧本其实非常简单，通过一些简单的思考便可以看到自己真实的情感态度。比如，给自己的另一半发消息对方没有回应。这时自己的第一反应是什么？是理解对方工作繁忙无法及时应答，还是怀疑对方正在和其他异性在一起？如果答案是后者，则可能陷入了感情背叛剧本。

处于感情背叛剧本的人容易过于敏感、多疑，会因为另一半的一点小动作疑神疑鬼，质疑对方的忠诚；会无休止地寻求确认和保证，要求对方不断地表达对自己的爱。然而，这样的行为依然无法带给他们安全感，反而会让他们的另一半感到压力和困扰，甚至导致另一半对他们的背叛。

人们常说，人性是经不起考验的。陷入这一剧本的人会不自觉地考验对方，导致对方会因为彼此不信任而生气，直至感情破裂，而这时陷入感情背叛剧本的人又印证了自己的怀疑，在下一段感情中更加多疑。事实上，这些背叛只是他们自己的投射，是他们的不安和不信任导致的感情结果。

失斧疑邻，描述的正是感情背叛剧本主角的心理现象。当我们对一个人或一件事情有了某种预设的看法，会在所有的细节中寻找证据，来支持我们的这种看法。然而，这样的看法其实并不基于事实，而是基于我们自己的不安全感和不信任感。

破解之法

想要解决这一感情问题,我希望陷入感情背叛剧本的人认识到,很多时候"背叛"只是自己的思维投射。我们需要学会相信和尊重自己的另一半,需要学会信任他们的忠诚和爱意,需要学会给他们空间,给他们信任,给他们自由。

爱是一种信任,是一种尊重,是一种接纳。通过不断的试探和验证来得到爱,反而会伤害这段感情。

在感情背叛剧本中的人感到的不安,更多源于不自信,对自我价值有所怀疑。然而,真正的安全感并不来源于他人,而是来源于自己的内心。

我们必须学会相信自己的价值,相信自己有能力过好自己的生活,有能力建立和维持良好的关系。当我们对自己的价值有所信任时,我们就会自然而然地感到安全,并对他人产生信任。

每个人都是独一无二的存在,每个人都有自己的价值和使命。承认这一事实,认可自己的价值,我们才会有更多的自信与安全感,正确处理彼此的感情。这不仅是为了我们的感情关系,也是为了我们的健康生活。

第五篇　情感剧本：获得被滋养的幸福关系

◎感情嫌弃剧本

感情嫌弃剧本的真相

在各种感情剧本中，感情嫌弃剧本的典型特征是主角无尽的不满，以及其对伴侣无止境的批判。陷入感情嫌弃剧本的人会时刻要求自己的另一半完全符合预期，以至于对方与自己的标准存在差距时，会不自觉地指责、要求、嫌弃。

殊不知，人无完人，过分地要求对方达到自己期望的完美状态，会给对方制造极大的压力，进而破坏彼此的感情，导致感情受挫、关系崩溃。即使这样，处于感情嫌弃剧本的主角依然认为，"我是为他好"。之后会把错误全部归责于对方，而在新一段感情中继续重复这样的经历。

感情嫌弃剧本如同一个无尽的批判沼泽，我们以爱之名不断要求另一半变得完美，而事实上陷入感情嫌弃剧本的人只是在寻求自己内心的安宁。这种不公平的恋爱态度是导致感情断裂的根本原因。

另外，感情嫌弃剧本的杀伤力非常大，如果应用到孩子身上，孩子可能会变得软弱无能，因为他们感到无论做什么都不能满足期待，久而久之，可能就会因无能为力产生自暴自弃的心理状态。

时常嫌弃伴侣的人，自身往往有被嫌弃的经历。比如，童年时期曾经被父母、老师、朋友等人严格要求或是频繁批判。这种源自父母、老师的完美主义被代入到成年后的感情生活中,进而就形成了感情嫌弃剧本。

破解之法

睿智的人应该懂得在恋爱中赋予对方能量,鼓励对方活出更好的自己,而不是一味地嫌弃、打压。如果对方一味地选择退让,最终我们也无法收获完美的爱情,而是收获一个懦弱、无主见的陪伴者。

我们必须警惕感情嫌弃剧本的存在,因为真爱并不在于追求完美,而在于接纳不完美。因此,我们需要认清"感情嫌弃剧本",并学会接受伴侣的不完美之处。我们必须明白,每个人都有他们的优点和缺点,没有人能满足我们所有的期待。

人无完人是一种基本的人性,是一种无法避免的现实,而正是这些不完美,构成了我们每个人独特的魅力。

当我们真正认识到人无完人时,我们的视野可以变得更开阔,能够学会欣赏对方不完美的存在,因为这同样是对方独一无二的特质。同时,我们可以把更多的注意力放在对方的优点上,这会让我们意识到,追求完美其实是一种无止境的追求,真正的满足和幸福来自接纳和爱。

我们要明白，爱是一种深入骨髓的接纳，是欣赏、包容和理解，是无条件的接受，是在不完美中找到完美，是学会以完美的眼光看待一个不完美的人。好的感情有成就的力量，而不好的感情则是无尽的深渊。这种对待感情的态度能够帮助我们正确地处理彼此的关系，帮助我们跳出感情嫌弃剧本。

◎感情控制剧本

感情控制剧本的真相

感情控制剧本是指一个人在人际关系中习惯占据主导位置，并习惯控制他人的情感剧本。处于这一剧本当中的人希望掌控生活的一切，包括伴侣、孩子以及朋友。但在这一过程中，他们很难发现自己在控制对方，反而会以对方受控程度评定彼此的感情关系。当他们发现无法掌控对方时，内心会生出强烈的挫败感，严重时会主动中断双方的关系。但如果对方愿意让他们控制，他们则会不断增强控制力度。

一个人生活在感情控制剧本当中会感觉十分疲惫，因为其性格极端、敏感，会因为控制欲无法得到满足进入狂躁状态。

比如，很多父母会陷入感情控制剧本当中，生活中控制孩子的衣食住行、言谈举止，这种"无微不至"的爱会导致孩子懦弱、自卑，缺乏独立性。

深陷感情控制剧本的人，无论控制欲是否得到满足，都会把感情推向破裂。比如，在恋爱关系中，女生被男生控制。在控制初期，男生会认为女生懂事、听话，但随着时间推移，男生会认为女生性格懦弱、没有主见。当恋爱双方位置不对等时，感情即将走向破裂。如果恋爱关系建立后，女生不想被男生控制，男生会产生强烈的挫败感，认为女方不体谅自己，不珍视自己，从而会摧毁这段感情，或者逃离这段感情。

破解之法

每个人都拥有自己的思想和选择，尊重他人，就是尊重生命的多样性和丰富性。

我们需要认识到，控制他人并不能带给我们想要的快乐和满足，反而会让我们失去更多。只有放下控制，接纳不确定性，允许他人自由地做他们自己，这才是对他人真正的爱与尊重。

从人格能量角度分析，感情控制剧本源于当事人的不自信，所以希望通过掌控主动权的方式牢牢抓住这份感情。

突破感情控制剧本需要把感情双方放在同等位置。认知感情是人与人连接的纽带，而不是控制对方的工具。要知道，每个人都是独立的存在，"以爱之名"的控制更多带来的是伤害。

第五篇　情感剧本：获得被滋养的幸福关系

◎感情受伤剧本

感情受伤剧本的真相

感情受伤剧本可以理解为一种特殊的感情行为模式。在这一剧本当中，主角一直扮演受害者的角色。他们的感情充满背叛、家暴或冷暴力，时常伤口未愈却又再次受伤。这看起来是不断重复的悲剧，是心灵深处被撕裂的痛苦，而事实上却是他们选择的感情剧本。

事实上，感情受伤剧本不是一个人主观的感情选择，而是感情中自我保护的结果。他们通过扮演受害者，保护自己不必直面自我，不必面对感情中的无力和恐惧，因此他们不会在受伤后真正地自我反省，只会以受害者的身份博得更多同情。

然而，这种自我保护机制只是一种自我欺骗。处于这一剧本的主角以受害者的身份无限制造着各种痛苦。他们在逃避自我的同时，放弃了成长和改变的机会。他们以他人的同情疗伤，却逐渐失去了自我独立和自由的可能。

陷入感情受伤剧本的人会反复受伤，并将责任归咎于外部因素。比如，他们会认为自己遇人不淑才会导致这样的结果，或者认为领导不懂得赏识才导致职场频频受挫，却不肯正视自身的问题，在受伤的轮回中无法自拔。

值得注意的是，一个陷入感情受伤剧本的人向他人诉苦时，往往不是真正在寻求帮助，而更多的是希望获得对方的认同。如此，感情受伤者便可以印证自己的思维，将受伤原因全部推卸到外在原因上，继续扮演无辜的受害者，继续逃避自身问题，致使人格能量不断降低，在感情绝望的轮回中无休止地轮回。

我认识一位女士，相识时已经经历了三次婚姻，每次婚姻失败的原因竟然都是家暴。

我在深入了解这位女士的感情经历时发现，她在感情出现问题时会选择各种方式激怒丈夫，甚至挑衅对方。比如她的前夫诉说道："吵架的时候，她总会说，难道你还敢打我吗？我猜你不敢，你个懦夫！"这种行为与语言无一不在诱导丈夫家暴，因为在她的潜意识里，每个男人都会家暴，家暴似乎是男人处理感情问题的唯一方式，这就导致预设的剧本变为现实。

陷入感情受伤剧本的人对剧本本身没有抵触情绪，他们从这一剧本中能找到安全感。因为他们知道在这个剧本中，自己的角色是明确的，也清楚剧本的结局，了解自己应该如何应对。即使剧情悲惨、痛苦，但它的确定性和可预测性能够带来一种扭曲的安慰感。对他们而言，选择一个不可能家暴的伴侣，并最终使其变为暴徒，这一过程中他们能够获得生活掌控感，即使这种控制感建立

第五篇 情感剧本：获得被滋养的幸福关系

在痛苦和受伤害之上。但是他们证明了自己是对的，是可怜的受害者，而他人是错的。

所以，当我们试图帮助一个陷入感情受伤剧本的人时，对方极有可能表示反抗，会拒绝我们的好意，坚持受害者的身份，甚至为此表现出敌意。因为我们的建议会对他们掌控的剧本带来威胁，这是他们无法接受的。

破解之法

我们可以深入思考一下，自己是否在无意识地扮演着感情的受害者？这可能是一个令人不安的问题，但请记住，真正的智慧往往源于深度自我反思和诚实的内省。

如果我们意识到自己已经陷入感情受伤剧本，不要慌乱，只需要继续思考扮演受害者能够带给我们什么好处，这一问题的答案能够帮助我们明确为什么自己在无意识地扮演感情受害者。

很多时候，扮演感情受害者是为了逃避感情交往过程中的责任，获得更多同情，进而拥有一种感情特权。的确，弱者的身份可以激发他人的保护欲，也会收获伴侣更多的呵护与纵容，但这更多是短期的收益。感情需要长期经营，扮演受害者只会逐渐恶化彼此的感情状态，进而使彼此陷入持续的痛苦当中。

我们要明白，我们是自己人生的导演，所以不要让人生变作一场悲剧。我们的人生本由自己掌握，扮演怎样的角色完全由自己决定。如果选择做一个勇者，面对生活的挑战，积极地寻求改变和成长，则会看到不一样的人生风景。

其实，当我们认真思考这些问题后会发现，自己并不想长期扮演受害者。我们会意识到，自己有能力改变，成为自己想成为的人，过自己想过的生活。

◎感情奉献剧本

感情奉献剧本的真相

感情奉献剧本中的人在与人相处的过程中总是处于过度奉献的状态。他们为了博得对方欢心能够轻易妥协，能够忽略自身的感受轻易作出退让。他们的这种无私奉献并非由于与人感情深厚，只是为了得到对方的认可与称赞。

我认真研究过这一群体的心理，发现乐于在感情中无私奉献的人需要从对方的称赞中获得认同，但同时又无法自我认同。曾有一位感情奉献者这样对我说，"只有和她在一起的时候我才能够感觉到自己的价值，哪怕这是一种伤害我也感觉快乐"。

总而言之，陷入感情奉献剧本的人愿意为感情倾注一切，无论自己拥有什么，都愿意毫不保留地奉献出去。如果自己不曾拥

第五篇　情感剧本：获得被滋养的幸福关系

有，也会竭尽全力去寻找，只为了更多给予。很多时候这些人的付出显然超越了自己的所得，其行为如同在一场没有收获的游戏中逆向投入。

另外，陷入感情奉献剧本的人总是努力讨好对方，只要对方表现出丝毫不快，他们就会瞬间妥协，而且无论自己多么痛苦他们都会义无反顾。他们会忽视自身感受，只要得到对方的夸赞和认可，便会倍感兴奋，付出的热情更是如火如荼。

这似乎是一种圣母般的状态，明知对方存在许多问题，但就是无法割舍，如同被一种无形的力量牵引，无法自拔。

另外，感情奉献剧本和感情受伤剧本是截然相反的两种剧本。在感情受伤剧本中，主角会不断创造受害者的情境，逃避真正的成长，不愿面对自身的不完整。而感情奉献剧本的主角则如同童话故事里的王子，不断从照顾受害者中获得自我价值感。这些人看似无私，但内心寻求的同样是自我满足。

感情应该是纯粹、真挚的，而不是为体现某种价值无休止地接纳、纵容对方。感情奉献剧本的主角往往会吸引感情受伤剧本的主角，两人在一起时如同童话里的王子和公主。公主经历着苦难，等待王子的拯救；王子则全心付出，对公主毫无保留。但两者之间的感情却并不纯粹，因为双方都带有目的性，希望从对方身上获取自我价值感。

其实，这种行为的本质是双方自我价值感低下的表现。所以，看似无私的奉献者，本质上并不是在经营一段感情，而是在满足自己的内心需求。一旦感情受伤剧本的主角醒悟，不再是感情的受害者，则感情奉献剧本的主角就会选择离开，因为在对方身上，他们已经找不到自我存在的价值。

例如，我有一些女性朋友，她们非常优秀，但在感情选择上却放弃了与自己门当户对的男性朋友，而选择了一些品性存在差异的男士，婚后双方经常吵架甚至存在家暴行为。其实这些朋友的背后，同样是感情奉献剧本在作祟。她们明知对方行为糟糕，却仍然愿意付出全部的爱和精力，不求回报，甚至甘愿接受伤害。

再比如，我有一位大学同学，在父母的帮助下，在大学时期他选择到美国留学。父母为了能够让他在国外安心求学，为其提供了优越的生活条件。除了给他充足的生活费之外，还为其配备了一辆车，方便他休息时间四处游览，了解美国的人文风情。

但他的恋爱方式却刷新了所有人的认知，甚至改变了他的命运。大二时，他为了博取女朋友的欢心，不仅卖掉汽车供女友挥霍，甚至选择退学住到女友家照顾女友的生活起居。可即便他全心全意地付出，这段恋爱关系也未能维持很久。

与这一任女友分手后，他又找了一位新女友，交往方式一如既往，把时间、金钱全部投入到女友身上，不久又再次分手。最终，他

第五篇 情感剧本：获得被滋养的幸福关系

学业无成，被父母带回国内。

在他的身上可以看到，他的情感经历既符合感情奉献剧本，同时又符合感情受伤剧本。透过他奉献与受伤的表现，却发现看似面对感情无私的他，其实非常自私。他在无条件奉献之前并没有关注对方是否需要，奉献之后如果对方选择分手，那他就变成了被辜负者，从而获得他人的同情。

这样的付出和牺牲，往往只会导致更大的痛苦。因为在这种关系中，他们无法得到应有的尊重和爱护，反而可能会遭受更大的伤害。

破解之法

我们应该理解，真正的爱是相互的，不是单方面的付出和牺牲。每个人都值得被爱，被尊重，我们应该学会爱自己，尊重自己，而不是在他人身上寻找价值感。

在生活中，有些人表面上自信，内心深处却存在严重的自我价值感缺失。这种缺失会让他们过度渴望认可和需求，因为只有在他人的认可和需求中，才能找到存在感，从而感受到自己的价值。

我们要明白，生活的价值、意义、存在感源自自身，而非他人。想要跳出感情奉献剧本，需要我们转移焦点，从满足他人需求转向自我满足。这不是一种自私的行为，而是一种对自我负责的表现。

因为自我价值不是靠他人的赞美和需求来塑造，而是通过自我认知、自我理解、自我接纳和自我成长来建立。

我们应该勇敢地探寻自我，去发现自己真正的兴趣、热情、梦想和能力，而非被他人的期待和需求所束缚。回归自我，找回自我价值感，活得更有尊严，更有价值，自然能够跳出感情奉献剧本。

◎感情透明剧本

感情透明剧本的真相

感情透明剧本是指处于这种剧本中的人长期处在担心被忽视、被遗忘的情感状态。在这种状态下他们更容易创造自己被忽视的情境，之后印证被忽视的事实。一个人陷入这一剧本当中，无论对方多么重视自己，他都能够找到对方忽视自己的表现，甚至会把一些正常交往的行为认定为被忽视。

一旦陷入感情透明剧本，便会时刻感觉自己像一块透明的玻璃，似乎被世界所忽视。陷入感情透明剧本的主角会将这种感觉投射到生活的方方面面，从人际关系到工作场景，无处不在。不被重视，不被看见，似乎成了他们生活的常态。虽然他们内心极度期待别人的关注和认可，却总是事与愿违，然而这并不是真的因为世界在忽视他们，而是他们始终生活在不被重视、不被在乎的情绪当中。

这种剧本的核心是缺乏自我认同和自我价值感。他们对自己的忽视和否定，更多源于内心深处的自我否定和自我忽视。如果无法解决自身问题，无论身边的人如何关注他们，他们依然认为自己正在被世界遗弃。

破解之法

唯有自我认同与珍视，才能照亮透明剧本的暗夜，让该剧本中的人真实的存在得以被世界看见。想要跳出感情透明剧本，一定要从内心深处学会接纳自己，珍视自己，认同自己的价值。

我们需要明白一个道理，将自我价值的衡量标准寄托于他人的反馈，忽视了内心的自我关照与认可，我们很难获得他人的认可。因为我们自己都在轻视自己，又如何要求他人重视自己呢。

当我们在内心深处开始尊重和认可自己时，我们的价值就不再依赖于他人的评价和反馈。自我认可的价值，是我们心灵的坚实支柱，它不会因为外界风雨的翻涌而动摇。

自我重视是一种内在的力量，它让我们明白自己就是世界中的一分子，是独一无二的存在。我们的思想、感受、需要和欲望都是重要的，值得被尊重和关注的。学会重视自己，对自己宽容，给予自己足够的关爱和耐心，这才是我们在感情中、在生活中体现价值的基础。

自我认可，是一个深度接纳和尊重自己的过程，它不仅包括对自己优点的认可，更包括对自己缺点和弱点的接纳。它让我们明白，我们的价值不在于我们做了什么，或者拥有了什么，而在于我们就是我们自己，这就足够了。在自我重视和自我认可的过程中，我们能找到属于自己的存在感，我们能看见真实的自我，也能看见自己生活中的无限可能性。

◎感情独立剧本

感情独立剧本的真相

陷入感情独立剧本中的人对感情极度不信任，他们坚信只有自我是可靠的，是终极的庇护所。这些人的心语大多是："感情是不可依赖的，我必须自己独立、强大。我可以不需要感情。"这种心态的确能够让他们在面对感情挑战时拥有更多主动权，但同时也会削弱他们真正体验亲密关系与真挚感情的欲望。

感情的独立并非意味着孤立，而是平衡自我与他人的关系，是在独立和相连之间寻找均衡。而陷入感情独立剧本的人，内心深处充满了一种坚韧。这种坚韧促使他们独立、坚强，且自给自足。他们将这种独立看作是一种生存策略，一个防止自己受伤的盾牌。但这种过度的独立性也会阻碍他们与身边人建立深厚的感情，从而

第五篇　情感剧本：获得被滋养的幸福关系

限制他们体验感情的深度。

这些感情独立者表面上看起来独立自主，但内心深处却隐藏着一种孤独。他们在内心里创造了一种假象，即一切都不值得信任，感情也不例外。这样的思维模式会导致他们创造出一系列的情境，以此来证明他们的想法是正确的。

例如，感情独立者要求另一半帮自己完成一些无关紧要的小事时，如果另一半因为工作繁忙或遇到其他无法完成的事，感情独立者则会认为对方"不可靠"，认为感情不可依赖。他们不断创造这样的情境，不断印证感情不可靠、不必要的观点，直至感情中断。

破解之法

感情的独立并非意味着我们要在风雨中独自前行，而是要学会在逆境中找寻力量，让感情成为灯塔，照亮前方的道路。

比如，很多"女强人"存在这样的想法：只要事业足够成功，就可以弥补感情的缺憾。然而，我们在感情方面遇到的问题，最好的解决方式应该是面对它，修复它，而不是逃避它。告诉自己不需要感情，并不能真正使我们变得强大。强大不在于抵制感情，而在于坦然接受感情的存在，并学会如何在感情的世界中找到自我。

在这些感情独立者的内心里，藏着一种深深的恐惧——害怕被感情所伤，害怕在亲密关系中受到伤害。于是，他们为了逃避这种恐惧，将自己禁锢在"独立"的壁垒之内。伤害与痛苦其实是我们成长的必然经历，经历过感情的伤害我们也能够更加正确地对待感情。**我们的成长不是要防止痛苦，而是要学会怎样从中走出来**，怎样从痛苦中汲取力量，从而提升我们的能量。

面对感情的恐惧，我们需要以坦然的心态去面对。敢于尝试，敢于在感情中冒险，敢于让自己脱离舒适区，去体验那些可能带来痛苦，但也可能带来欢乐的情感经历。勇敢地尝试，并不意味着我们对结果毫无顾忌，而是我们愿意接受任何结果，无论是喜悦还是失落，都将成为我们人生旅程中的珍贵回忆。

最重要的是，我们要学会在感情中找到自我，要把自己交给感情，而不是避开它或者逃避它。感情并不是一个陷阱，而是一个学习成长的机会。在感情中，我们可以发现自我，理解自我，提升自我，让自己在感情的滋润下塑造出自己生命的精彩。我们要知道，感情并非绊脚石，而是成长的催化剂，是我们寻找并认识自我的一面镜子。

真正的独立不仅在于自我，也在于能够与他人建立起互相尊重和理解的联系。独立并不意味着我们必须避开所有的感情，而是要学会如何在保持自我完整的同时，允许自己去体验、接受并回应他人的感情。

第五篇　情感剧本：获得被滋养的幸福关系

案例分析

在众妙学堂的众多学生中，有一位同学让我印象十分深刻，尤其她17年如出一辙的感情经历，让我至今记忆犹新。这位名叫小静的同学目前处于已婚状态，来到众妙学堂之前她对生活、情感充满抱怨。为了了解她的人格能量和情感剧本，我与她进行了多次畅谈。

小静在长达17年的情感经历中始终扮演着受害者。正是因为自己的情感经历，让她的命运发生了巨大转折。

高中之前，小静是所有人眼中的乖乖女，听话、懂事，学习成绩优异，虽然家庭条件一般，但身边人都认为小静长大后一定能够有出息。少年的小静也有远大的理想，那就是凭借自己的刻苦与努力走出农村，到大城市立足，然后把父母接到城市里安度晚年。所以，上学期间小静学习十分刻苦，并担任着班干部。

那时的她是个理想主义者，眼中总带着对未来生活的热切憧憬。然而，人生往往充满了曲折，高中时期，小静的生活出现了巨大的转折，那是一个极具影响力的男孩，无意间走进了她的生活。他是她的同桌，阳光、幽默风趣，家庭条件优越的他有着丰富的社会阅历，一时间深深地触动了小静。

这位同桌来到小静身边后，马上对小静展开了疯狂的追求。情窦初开的小静不知所措,而同桌的言谈举止又博得了小静的好感,所以不知不觉中小静变成了对方的"女朋友"。

青春期的男生都喜欢炫耀,不久后这件事便人尽皆知,同学们纷纷起哄,老师开始找小静谈话,希望她及时悬崖勒马,以学业为重。意识到"早恋"问题后,小静第一时间和同桌提出分手,但毕竟整日在一起相处,两人的感情在时间的推移下不断升温。

成为同桌的"女朋友"后小静的生活还发生了其他变化。曾经的朋友开始远离她,因为在这些朋友眼中,小静已经开始堕落,不再是勤学上进的同道中人,而另外一些同学开始敌视小静,因为小静是她们的"情敌"。在同一时间里,父母又开始对小静施压,对小静说如果考不上理想的大学干脆就不要上大学了。

在多重压力的折磨下,小静开始感觉恐惧、焦虑,甚至产生了抑郁心理。在这段时间里,她每天魂不守舍,生活与学习状态一落千丈。在一次物理考试中,曾经成绩优异的小静只考了16分,全班排名倒数,从此小静坐实了"差生"的身份。

高考成绩公布后,小静毫无意外地名落孙山,这成了压垮她的最后一根稻草。这一天也是小静人生中最灰暗、哭得最伤心的一天。当然,影响小静的同桌也没能考上理想的学校,两人一起开始复读。她和同桌相约,为了彼此的未来一定要考上理想的大学。在她看来只有学业有成两人的未来才有希望。

第五篇 情感剧本：获得被滋养的幸福关系

怀揣着这一约定，小静回到了家乡。这一年，小静废寝忘食，十分刻苦，但内心极度敏感，总会被外界的事物打扰，而且一直无法恢复高考信心。复读一年后，高考如期而至，怀着忐忑的心情小静走入考场。高考成绩出来后，小静依然与理想的学校有较大差距。

小静又一次走上复读的历程，这一次小静的高考成绩与理想的学校只有几分之差。父母知道这一成绩后，内心既焦急又痛苦，小静更是懊悔万分。

最终，小静只能选择结束自己的复读噩梦，选择了一所普通的师范院校就读。一年之后，同桌终于也考上了一所普通的院校，虽然彼此的目标都没有达成，但总算一起迈入了大学校园。正当小静以为双方能够在未来相守时，这位同桌却直接提出了与她分手。

小静十分崩溃，因为他的出现，自己的命运出现了巨大转折，但无论如何小静都没有放弃彼此的感情，没想到三年的期待与坚守只换来了对方的一句"分手"，小静为此难过了很久，经常在晚上做梦时梦到同桌回来找自己道歉、复合，然后在梦中哭醒。

在此后的一段时间里，小静的生活充满了苦涩。她的自尊心受到了严重打击，这致使她开始逃避现实，甚至对未来感到恐惧。这时，她遇到了另外一位男士，他是小静实习期间的上司，是一个稳定而温柔的人。他对小静充满了照顾和关怀。他的出现让小静感到很温暖，觉得在他身边，她可以暂时忘记那些痛苦。然而，这只是一个暂时的避风港。当他们步入婚姻的殿堂时,小静发现他们的性格有着极大的冲突。她的丈夫观念传统,希望小静能够放弃事业专心照顾家庭,而小静却渴望追求自己的事业。这种冲突导致他们的婚姻生活充满了摩擦和争吵。

这就是小静刚来到众妙学堂时分享的感情经历,也是她当时的情感状态。随后的一段时间里,我通过各种方式引导小静提升自己的人格能量,指导其以正确的视角看待自己的感情,对待自己的家人。两个月后,当我们再次深入交谈时,我发现小静已经能够保持积极的生活态度了。她告诉我,随着自己人格能量的提升,她学会了面对自己的问题,学会了如何与家人和睦相处。这段时间,她开始明白自己应该如何承担妻子和母亲的责任,如何在家庭中找到自己的位置。她也收获了丈夫的感恩,享受到了更多的关怀和呵护。她终于明白了如何跳出感情受伤的剧本,如何寻找真正的幸福。她渐渐发现,真正的幸福并不是依赖他人,而是在于自己内心的成长和平静。

情感剧本的形成通常源自人际关系和爱情婚姻的经历,但最终导致我们陷入特定情感剧本的,是我们自身的态度和选择。当我们按照潜意识的思维模式来规划自己的情感生活时,我们就容易陷入重复经历相似体验的情感循环。

而改写情感剧本的第一步,就是要认识并接受自己当前的情

第五篇 情感剧本：获得被滋养的幸福关系

感剧本。然后，我们需要通过了解自己，找到那些固定的情感模式，这些模式可能是由于过去的经验而形成的，但并不代表我们不能改变它们。只有我们了解了自己的问题，我们才能从固定的情感剧本中跳出来，开始改写自己的幸福生活。

小静的经历向我们展示了一个重要的教训：我们不能依赖他人给予我们幸福，幸福在于我们自己的内心。无论我们当下的情感剧本如何，只要我们能够看清它，愿意去挑战和改变它，我们都有可能找到真正的幸福。

尤言心语

名誉和金钱不该是你的追求，它只是你实现自我价值过程中的某个结果。

天赋是真正的喜欢，不需要外在给你更多，你就足以丰盛。

如果你始终很低频地做事，你再擅长的事，也会成为你的负担。

贫穷是心灵的一种状态，因为内心的不配得感，造成了贫穷的假象。

这个世界的真相就是你越敞开，你频率越高，你越能接纳和创造，你就越丰盛。

当物质已经得到满足的时候，金钱就没有办法再带给你更多的快乐。

这世间有很多事，做好自己的事最重要。

你的内心是什么就会向外投射什么，你拥有的，其实都源自你投射出去的能量。

一个人没有学会爱自己，也无法去爱别人。

幸福的本质是一种能力，是自己给自己的能力，是别人带不来也拿不走的能力。

当你想有一个好的关系或是好的伴侣的时候，应该先让自己变成更好的样子。

只有在自我独立且完整的情况下，才能建立一段高质量的关系。

如果一个人他能让自己幸福快乐，那他跟谁在一起都能幸福快乐。

如果你在一段感情中感到很累，就说明对方不是对的人，你也还没有学会爱。

世界，是外界和我们内心互相作用的产物。

人的感觉是最准的，当你有强烈的第六感的时候，结果往往都是对的。

当我们能精准地控制自己的潜意识的时候，基本上我们想要什么，往往就可以获得什么。

世界偏爱清醒者。你只有跳出自己，保持头脑清醒，才能找回自己。

第六篇

财富剧本：用丰盛的内心创造财富

钱财是一种资源，并非人生目标。真正的人生目标应该是获取这种资源后，我们对这个世界的贡献。获取资源的能力受思维、技术、运气等多个因素决定，能够获取巨额财富的人往往和这些因素长期保持着紧密关系。简而言之，富有者懂得如何撰写人生财富剧本。

财富剧本的认知

财富剧本是我们对财富、金钱和物质世界的态度、观念和信念，是我们人生财富的深层图景。它影响着我们生活的财富状态，决定了我们对财富的理解，同时引导着我们获取财富的行为模式。

根据人们看待财富的不同态度，以及获取财富的方法和状态，我将财富剧本分为十种：金钱万能剧本、金钱万恶剧本、金钱恐惧剧本、金钱麻烦剧本、金钱茫然剧本、金钱不易剧本、金钱算计剧本、金钱消费剧本、金钱第一剧本、金钱不配得剧本。它们各自代表了我们对金钱的不同看法和态度，而这些看法和态度，会直接影响我们对财富的追求和管理。

很多人的财富思维严重受限，因为他们过于注重财富本身的面值，而忽略了财富的创造价值。举一个简单的例子，当我们辛辛苦苦积攒到一万元时，我们会获得成就感，然后幻想两万元、五万元、十万元。只不过大多数人选择将这一万元储存，并在这一基础上慢慢积累。那我们积攒这一万元的模式就成了我们创造财富的

第六篇 财富剧本：用丰盛的内心创造财富

主要方式，后续随着我们能力的提升，或许能够有所加快，但很难实现质变。而有些人获得一万元时，则会思考这一万元能够带给我们的创富机会，看到一万元背后更大的价值。之后用一万元获取十万元、百万元。在这一思维下，这类人的创富速度就会远超常人，实现财富自由的机会也会更大。

事实上一种思维模式只能用一段时间，但这个世界上的很多人从童年开始思维模式就再也没变过。

财富本身是一种能量，它只会到能够驾驭它的人手中。这就是我们讨论财富剧本的根本原因。如果我们能意识到自己的财富剧本，理解它的影响，我们就有了改变的可能性。

例如，假设我们处在"金钱恐惧剧本"当中，我们的潜意识会认为金钱具有危险性，应该避免。这一剧本无形中在阻止我们追求和管理财富。但当我们认识到这一剧本的存在，并理解它对生活的影响时，就可以改变、破解。通过反思自己的消费习惯，挑战自己的恐惧，逐渐改变财富剧本，获得掌控财富的能力。

只有我们具备驾驭财富的能力，对财富的理解、态度和行动都保持健康、积极状态，我们才能成为财富的主人。这也是我分享财富剧本的目的：成为财富的主人，而不是财富的奴隶。

认识和理解财富剧本，是我们开启财富自由之路的第一步。我希望每个人都能正视自己的财富剧本，勇敢去改变，最后成为真正的财富主人。

另外，我们需要明白，财富本质上并没有好坏之分，是我们对其的态度和行为方式决定了我们与之的关系。如果你陷入"金钱万恶剧本"，就会认为金钱是邪恶的，拥有财富就等于丧失良知。

同样，如果我们处在"金钱不配得剧本"，就会认为自己不配拥有金钱，这是因为内心深处对自我价值的否定。这种剧本会使自己在面临机会时选择放弃，会让自己认为不值得、不能够拥有财富。

没有剧本是无法改变的，改变始于认知。只要我们对自己的财富剧本有深入的理解和认识，看清楚自己的限制，接受它，然后开始行动，勇往直前，就能改变它。

记住，金钱和财富只是工具，我们可以学会如何去使用它，而不是被它使用。我们的目标是改变财富剧本，成为真正的财富主人，让财富在我们的生活中产生正面的影响，实现我们的理想和愿望。

◎阻断天赋的"杀手"

想要培养出富有思维，首先需要找到自己的核心与独特之处，还得具有热诚的态度，以及保持浓厚兴趣的天赋。在天赋的引导下，人们往往可以充分调动思维积极性，提升创造力与行动力，进而转化为财富获取能力。

第六篇 财富剧本：用丰盛的内心创造财富

每个人都有独特的天赋，只是大多数人无法发现，或很早被阻断，最终导致天赋被埋没。我十分庆幸自己在很小的时候就明白了这一道理，意识到了天赋的重要性，随后在成长道路上沿着天赋指引不断进行自我实现。但对于大多数人而言，在天赋觉醒、发展过程中常被三大"杀手"阻断，导致自己始终无法找到人生的方向。所谓的三大"杀手"如下。

1.父母的阻断

第一个阻断我们天赋的"杀手"是父母。也许有人会对此感到意外，但这是不争的事实，人格能量处于前三层级的父母给出的爱，往往带有枷锁。人的天赋萌芽阶段通常在青少年时期，这段时期也是父母管教最严格的时期。这时父母会压制孩子在天赋领域的探索欲望，并给孩子灌输自己的经验所得。我们不能把父母的呵护视为错误，只能怪自己未能坚持。所以大多数人背离天赋的发展方向，选择了一条看似轻松、平坦却不属于自己的发展道路。

对心理学、国学等的探索欲在我很小时就已经产生，多年来我始终坚持钻研。如今，我的学生已经数万人，我将心理学、国学等进行了整合研究，在探索这个世界本质的过程中，我发现了许多内在规律，这充实了我的成就感与获得感。这些都得益于我的父母从不打压我"不务正业"的兴趣爱好，在我的成长过程中给予了无条件的支持和肯定。

其实父母都希望挖掘孩子的天赋，只是方法欠妥。比如，孩子求学期间父母会为孩子报兴趣班。学习一门乐器或其他课外技能，目的是帮助孩子陶冶情操，健全人格，挖掘孩子其他方面的才能。事实上，很多孩子因此增加了生活负担，白天上学，晚上上兴趣班，致使整个童年忙碌却不充实。因为这些兴趣班并不属于孩子的天赋领域。孩子每天花费两小时学钢琴，的确能够顺利考级，但作用在哪里呢？凭借肌肉记忆完成的弹奏与音乐天赋毫不相关，孩子独立之后会迅速忘记这些技能。

从天赋的角度思考，一个让孩子长期感兴趣，持有沉浸态度的兴趣，才是孩子的天赋。在这些领域中，孩子能够保持积极性与主动性，甚至遭遇挫折都感觉经历美妙，且能够保持较强的探索、创造欲望，而这才是真正的天赋领域。

大多数成年人的思维没有以天赋为起点，他们只会思考哪些行业更赚钱，自己从事哪些工作赚钱更轻松、更稳定。在这些思维中一个人很难真正富有，获取财富只能依靠积累，无法进行创造。

建议同学们认真思考自己真正想做的事情，这些事不要以赚钱为目的，也不要衡量难易程度，只以满足感与获得感为需求，想一想哪些事能够让自己无畏挑战，即便痛也会快乐前行。

2.社会的诱惑

来自社会的诱惑能够影响一个人的判断与决策,尤其在面对"机遇"时,人很容易背弃初心。

我在大学时期有一次奇妙的经历。大二时一家知名影视公司到我们学校挖掘艺术人才,我有幸入选。当时我只知道这家公司行业地位很高,打造过多位一线明星。相信大多数女孩年轻时都有明星梦,所以这次机会对我诱惑极大。

我和这家公司签约后,公司制订了详细的艺人培养计划。带我和其他新人参加各种比赛以及影视活动,参加这些活动的目的是给艺人背书,因为只有艺人资历丰厚之后才会进入演艺圈。

虽然明星梦诱使我进入这一行业,但潜意识告诉我这不是自己的天赋领域。这段时间我把各种活动当作工作对待,但没有太多成就感,渐渐地我发现这些工作开始占用我过多的时间,让我与心理学、国学渐行渐远。于是我决定和公司解约,重新回归自己的生活。

几乎所有人都有类似经历,毕业后或因生活所迫,或因待遇吸引,开始从事自己不感兴趣的工作。在这些不感兴趣的领域中,我们只能用时间换取等额金钱,却很难产生富有思维,实现真正的财富自由。

3.教育的影响

教育影响并非指学历，而是求学期间受教育模式束缚导致思维固化。富有思维是一种主动、积极、多元思维模式，它需要充分调动大脑按照多种形式思考造富方法。但在家庭教育、学校教育中，很多人的思考方式固化，导致毕业后富有思维无法形成。

比如，我小时候喜欢画画，当我天马行空完成创造后父母会告诉我汽车不能在天上飞，老师会告诉我天空不能是粉色的。在这些权威影响下我正确地画出了画，但我却感觉不到作品的"美"。

固化的思考方式很难形成创造力，在这种思维方式的促使下做事效率与效果会同步下降。比如，我考取心理咨询师资格证是在我上大学的时候，报考这个证书时得知需要学习专业课程。受学业影响，我没有办法到外地上课，于是我开始自学。学习过程中我发现很多知识早有了解，学习过程并没有遇到过多阻碍。第一次参加考试就顺利通过，事后得知在专业班上课的学生通过率不足十分之一。这件事足以证明，很多时候我们因自己的热爱和兴趣发展出来的技能，比在固定化教育方式下的学习更有用。固化的教育方式会抑制天赋发展，也会影响富有思维的形成。当我们找到了自己的天赋，就会发现其他事情都是在为这件事服务的。

第六篇 财富剧本：用丰盛的内心创造财富

◎如何找到自己的天赋和梦想

我再强调一次关于富有思维的天赋定义，这一天赋不只是兴趣所在，更是一种想到就兴奋，同时产生沉浸感、成就感的终生爱好。如果此时此刻你依然在找工作、准备转行，或者考虑退休，这代表你并没有找到自己的天赋领域。

天赋领域是一个让人感觉舒适、快乐、孜孜不倦地沉浸其中的领域，在这一领域当中不会因为遇到挑战、困难产生退缩情绪，随着时间推移只会增厚兴趣，没有所谓的功成身退。

比如，袁隆平院士，90岁依然在稻田里劳作，弥留之际挂怀的仍是水稻试验田。作为"世界拓荒人"，他已经解决了无数人的温饱问题，但他始终沉浸在杂交水稻领域，享受每一分钟带来的快乐。

热爱的事情会融入我们的生命，让我们不由自主地跟随、追寻，无论何时都不会迷茫。在这一领域中的主动与努力可以形成思维定式，做事的效率与效果更加突出，而如果在某一领域中你能够产生这样的感受，那可以肯定这就是你的天赋领域。

◎十条富有思维

我总结了十条核心的富有思维，这些思维通过大量高人格能量群体研究得出，也是大部分成功人士的共性。大家不妨自查一下，有哪些是自己还需要提升的。

1.珍视时间思维

提到财富风险，大多数人会马上想到投资、经营。其实经济风险并不可怕，因为财富无论如何变动都能够挽回，但有一种资源一旦失去就无法弥补，这就是时间。所以富有者都非常珍视时间，他们把时间视为最大财富。

对比现代大多数人的时间意识，生活中挥霍、浪费时间的状况无处不在，并美其名曰享受生活。正确地享受生活的方式不会带来任何负面能量与抱怨，但有多少人因为刷手机浪费了工作和学习时间，又有多少人把时间荒废在赖床、发呆上。

时间是最值得投资且风险最小的财富。只要认真付出一定能够获得回报，即使无法体现在财富上，也可以使人成长，提升人的人格能量。

2.丰富收入渠道

在对富裕群体进行研究时我发现，所有富有者都拥有多条收入渠道，且收入渠道数量都大于3。这代表富有者拥有更多应对财务风险的措施。以世界金融危机为例，面对外部环境和市场的冲击，富有者能够根据不同收入渠道的实际情况进行调整，确保维持自己的正常收入水平。

对比经济收入渠道单一的群体，金融危机袭来后很多人从高收入群体瞬间变为低收入或者无收入群体，甚至有些人面临基本生活问题。这就是富有思维的独特之处，富有者能够用更加长远的眼光做好各种风险应对。

3.无拖延症

无论他是不是一个雷厉风行的人，富有者都不会有拖延恶习。这不仅因为富有者珍视时间，同时因为他们的思维与行为保持着高度同频。

拖延是一个人从贫穷到富有的最大障碍，无论他多么有才华，一旦存在拖延习惯，自身价值根本无法发挥。其实大多数人都有拖延习惯，即使开创者也会偶尔偷懒，但开创者勇敢又强大的内心，能够时刻保持自律与清醒，拖延是这一群体时刻警惕的恶习。

4.找到成功的导师

我发现富有者拥有一颗谦卑之心，能够长期保持求学欲望。在他们成长为富有者的过程中，会找到对自己影响较大、较深的导师，从导师身上学习各种成功方法。

我将富有者的导师分为五类。一是父母,这往往是富有者的第一任导师,从父母的造富经历中学习富有思维,提升财富创造能力。二是"贵人",贵人的身份多样,但一定是关键时期起到关键作用的人。很多富有者经历失败时也会陷入低人格能量层级,这时他可能会因为他人的一句话、一个行为猛然醒悟,从贵人身上他能够学习到面对挫折的正确心态与方法。三是书籍,被誉为人类进步阶梯的书籍埋藏着宝贵财富,富有者懂得利用书籍长期提升自己,强化自己。四是经验,富有者懂得自省,能够在过往中总结得失,从中总结创造财富的智慧,提升个人能力。五是自我,这里的自我不是当下的自己,而是未来高人格能量的自己。富有者会以理想状态为目标,不断引导自己,提升自己,逐渐掌控自己的财富剧本。

5.保持乐观

创造财富是一个艰辛的过程,富有者能够长期保持乐观的态度。这种乐观的态度不只是豁达,更是冷静与坚强。大多数人无法意识到,当付出劳动却没有得到预期回报时,我们的思维是消极的,潜意识会产生担忧、焦虑、恐惧等心态。从生理角度分析,这是大脑杏仁核在疲劳时期的正常反应;从心理角度分析这是负面心态的变化。我之所以称具有富有思维的人,需要具备辩证者以上的人格能量,主要是因为他们需要面对这些负面情绪,保持理性与乐观。这些人能够控制自己的乐观心态，在思维与行为上继续坚持，而不是倒退回舒适区，这也决定了创造财富的成败。

6.保持热情

富有者能够沉浸在天赋领域持续付出，长期保持奋斗热情。很多人奇怪为什么自己的领导工作时永远不知疲惫，能够长期保持专注，这就是在天赋领域奋斗的享受状态。

在面对挑战、困难时，这些富有者甚至能表现出亢奋情绪，热情澎湃地指挥团队，他们从不畏惧挑战，并因此感到快乐。这是富有者能够成功的主要因素。我一直认为，这种热情比智慧、技术、资本更重要。在这份热情的驱动下，富有者能够保持敏锐的思维，作出正确的决策，战胜各种困难并实现目标。

反观低人格能量群体，在身体产生疲惫时便会产生消极情绪，面对困难与挫折时就会萌生放弃的想法。这种状态又如何能实现长远的造富目标呢？

7.不从众

不从众是富有者独有的思维，也是其独特的品质。人类的潜意识中存在极强的从众心理，这种心理源于潜意识的自我保护欲。比如，选择创业领域时，大多数人选择主流行业，这是因为潜意识告诉自己更多人从事的行业风险低、利润高。

但富有者从不这样认为，他们会理性分析自己的决策，坚定不移，不会受外界事物干扰。这也符合开创者的特性。在坚持己见的过程中难免经历挫折，甚至失败，但富有者的态度不会轻易改变。他们会针对挫折调整方法，在失败中总结经验，并依靠惊人的毅力坚持到最后。

富有者、成功者中的大多数人都喜欢特立独行，这并非他们天性喜欢冒险，而是他们清楚自己的天赋领域，他们不会因外界环境放弃自己的独特，所以他们能够坚定地追求目标并取得成功。

8.良好的礼仪

富有者的礼仪不局限于表面，而是蕴藏在人生智慧当中。首先，富有者懂得感恩，哪怕是简单的帮助、礼貌的问候，富有者都会表达感谢，这种习惯能够使其形成良好的人际关系，并提高个人形象。其次，富有者懂得慎言。他们不会随便表达自己的观点、看法，而是选择性发言，这种习惯能够礼貌地控制事态的发展。最后，富有者很少当面指责、抱怨，更不会背后评价他人，这种习惯能够减少流言，稳固人际关系。另外，富有者还会注意交际行为礼仪和着装，能够带给人们舒适的社交感，进而提高他们的社交效率。

9.乐于奉献

富有者很少吝啬,尤其在自己的生活圈内,往往能表现出足够的大度。他们乐于奉献,习惯相互帮助。这是一种积累人脉的生活方式,也是一种提高人格能量的思维方式。

不过富有者在给予他人帮助时会进行选择,他们的善意不盲目。因为一个人的精力、财力有限,这一群体习惯帮助有价值的人。衡量一个人是否有价值不以财富为标准,他们更欣赏人的良好品质。懂得感恩、态度积极、性格乐观的人往往是富有者的帮助目标,而用财富思维解释,就是这些人更值得投资。

10.善于思考

富有者不仅善于思考,更习惯思考。托马斯·爱迪生说过:"5%的人独立思考,10%的人认为自己在思考,其他85%的人宁愿死也不愿意思考。"

在我们的生活中,大多数人的大脑处于沉睡状态,面对问题、处理问题时按照惯性思维执行,遇到无法解决的困难时习惯等待他人给出答案。这是富有者与常人及贫困者的最大思维差异,这也是富有者能够利用大脑创造财富的主要原因。

以上十条思维习惯是当代富有者、成功者的共同特点。我相信所有人都想成为富有者,那我们不妨认真分析上述十条富有思维,思考当前的人格能量能否支撑自己养成这些思维习惯，或者从中找到自己无法致富的主要原因。

第六篇　财富剧本：用丰盛的内心创造财富

财富剧本的类型

弗洛伊德曾说过，外物是内心的投射。想吸引金钱首先要提升内在能量，当我们能量不足时，即使获取财富的机遇摆在眼前，我们也很难把握。我认真分析了当代低能量群体无法把握财富的原因，并根据其类型将财富剧本分为了十类。这十类财富剧本都会致使我们远离金钱，如果我们能从中找到自己的影子，则能够找到自己无法获取财富的根源，随后能够跳出剧本限定，重新规划自己的财富人生。

◎金钱万能剧本

金钱万能剧本的真相

"金钱万能论"在当今世界是一种根深蒂固的观念，很多人受父母影响从小把金钱树立为穷尽一生的奋斗目标。"金钱万能论"就是这时出现的，这些人随之进入金钱万能的财富剧本。

的确，金钱能为生活带来更多可能与选择。不过这并不代表金钱和万能之间是等号关系。事实上，陷入金钱万能剧本的人，时常感觉内在的自我很弱小，无法处理生活中遇到的问题和挑战，他们希望通过外在的财富来提升自己，让自己看起来更强大，感觉更有底气。他们期望金钱能解决所有的问题，给自己带来幸福和安全感。

然而，这种观念并不正确。金钱并非万能，它的确能够提高生活品质，但无法解决很多个人问题。比如，人际关系、健康、内心的空虚和寂寞，这些问题可以被金钱掩盖，但无法用金钱解决。比如，一个人在金钱匮乏时存在这些问题，或许随着金钱的增加这些问题会被忽视，但这些问题始终存在，并且会以另外一种形式继续出现。

富有的人除了物质富足以外，同时，承受了更多压力和责任，而贫瘠者则把生活中的一切问题都归结于"没钱"。殊不知，只有通过这些观念修正，自己的内心才能变得富有，否则自身根本无法承受财富的"重量"。

我从不否定金钱的价值，金钱确实能增加一个人的底气，它可以给我们提供更多的选择，帮助很多人实现梦想，提高生活质量。但我们需要明白，金钱只是手段，而不是目的，我们不能让金钱成为我们生活的主宰。我们需要用正确的方式对待金钱，学会用金钱

第六篇 财富剧本：用丰盛的内心创造财富

服务我们的生活，而不是主导我们的生活。

破解之法

如果发现自己处在"金钱万能剧本"中，我们需要鼓起勇气挑战这一剧本，试着建立内在力量，提高自信，降低自己对金钱的依赖感。

每个人的内心都有一种力量，这种力量超越了任何物质的束缚，包括金钱。对于陷入"金钱万能剧本"的人而言，强化这种内在的力量并构建更强大的底气，就成了必要的任务。

首先，我们要重新审视自己的价值观。人生的价值观不应仅仅与金钱相关，更重要的是能力、人格特质，以及对他人和社会的贡献，这些才是构成个人价值的重要因素。财富只是价值的一部分，而不是全部。内心的满足源于真实的自我，而非世俗的赞誉。

其次，我们还需要懂得知足。满足感是非常强大的底气源泉。当我们能够对已经拥有的东西表示感恩时，则可以体验到真正的满足感。满足感可以帮助我们稳定情绪，让我们有更多的精力去面对生活的挑战，而不是被物质欲望所牵引。这是一种内在的成长，是打破"金钱万能剧本"的有力武器。

最后，我们还需要持续地自我提升。知识、技能、精神成长，都是我们增加底气的重要工具。当我们拥有充足的知识和技能时，就能更自信地面对未来。而精神成长则可以帮助我们更好地理解自己，更好地理解生活，从而提升生活质量。

我知道，这需要时间和努力，但结果十分值得期待。因为我们可以变得更强大，更有底气，更有能力去应对生活的挑战。

◎金钱万恶剧本

金钱万恶剧本的真相

金钱万恶剧本是一种财富观念的误解。当一个人陷入这种思维模式后，会将金钱视为罪恶的源头。有金钱万恶剧本的人对富人怀有强烈的敌意，认为富有的人大多为富不仁，并坚信富有的人一定是通过不正常渠道积累了财富。这种观念背后体现的是自我安慰和现实逃避，这种思维也严重阻碍着有金钱万恶剧本的人向着财富自由的方向迈进。

金钱如同一把双刃剑，其好坏取决于我们如何运用它。我们需要理解金钱本身并无善恶之分，它只是一种交换工具，一种能量。真正决定其意义的是我们如何使用它。如果我们用它来帮助他人，金钱就会变成爱和关怀；如果我们用它来满足贪婪的欲望，金钱就会变成罪恶的象征。

每个人都有权利追求财富，这并不等于我们追求的只有物质享

第六篇 财富剧本：用丰盛的内心创造财富

受。我们追求的只是财富这种能量，而并非财富导致的恶行。财富可以给我们带来生活的舒适和安稳，也能为我们的梦想提供物质基础。秉持正确的财富观，我们不但可以实现个人价值，还可以用财富去改变世界，去帮助更多需要帮助的人。

另外，我们的价值观决定了我们如何对待金钱，而非金钱决定了我们的价值观。有人说"金钱能够改变一个人的本性"。这类观点只能证明这些人对金钱的认知存在误区。正如我前面多次强调，金钱本身没有好坏与善恶之分，正如一个人贫穷时拥有高尚的道德和坚定的信念，那即使他富有了依然会坚守自己的原则；反之，如果一个人自身缺乏道德约束，那无论他贫穷还是富有，都可能做出伤害他人的事。

破解之法

要打破金钱万恶剧本的束缚，需要我们修正自身的财富观。我们需要深入到潜意识层面，找出那些阻碍我们接纳财富的思维模式，然后有意识地改变它们。这样，我们才能释放真正的自我，让金钱成为实现梦想的工具，而不是我们内心的枷锁。

金钱如流水，修正观念，方能引导财富流向我们。如果我们一直认为金钱是洪水猛兽，那我们的思维和行为就会在财富面前建造出一道防洪堤坝，把金钱挡在生活之外。然而，如果我们转变思维,将金钱视为滋养生活的河流,那我们就可以控制堤坝的闸门,让财富源源不断地流向我们。

深入地认识金钱,是开启财富之门的钥匙。修正我们的财富观,恰恰需要更深入地理解金钱和财富。金钱不仅仅是购买物质商品的工具,更是一种能量的体现,一种资源的分配,一种价值的衡量。真正理解金钱的含义,是我们迈向财富自由的第一步。在修正自身财富观的过程中,我们不仅要理性思考,还要倾听内心的声音。

尝试问一问自己:为什么我会把金钱视为洪水猛兽?是什么经历让我们形成这样的观念的?在寻找答案的过程中,我们不仅能明白自己对金钱的恐惧和抵触从何而来,也能找到超越这些恐惧和抵触,真正接纳财富的方法。

◎金钱恐惧剧本

金钱恐惧剧本的真相

金钱恐惧剧本是一种根深蒂固的恐惧模式,它带来的恐惧不是我们对金钱匮乏的恐惧,而是恐惧无法通过金钱来解决生活中的各种问题。也就是说,它不是关于贫穷的恐惧,而是关于无力感的恐惧。

我发现,这一剧本在很多人的心中都占有一席之地。比如有些

第六篇　财富剧本：用丰盛的内心创造财富

人表现得十分焦虑，时常担心自己无法支付父母的养老费用，无法让孩子接受优质的教育，无法承担起婚姻的费用，而这些背后的真正恐惧并不是金钱，而是这些生活问题会给我们带来的伤害。

恐惧是一种能量频率，金钱只是这种频率的试金石，揭示我们内心的恐惧。金钱恐惧剧本并不是恐惧金钱本身，而是恐惧生活中的不确定性和未知性。这种恐惧将人们固定在一种负面的能量频率上，无法真正地吸引并掌握财富。我们需要理解，无论当下是否拥有金钱，生活中的一切变化都是必然的，我们不能依赖金钱来消除这些变化带来的恐惧和焦虑。

我经常与学生分享，金钱无法替代我们的生命经历，我们需要面对生活，而不是逃避。无论我们有多少金钱，都无法避免父母老去，人生中的病痛和苦难。有些问题，金钱是无法解决的。我们应该面对这些问题，学习如何接受和处理这些问题，而不是依赖金钱来逃避。

另外，金钱恐惧剧本还表现为过度关注他人的看法，以至于不敢追求财富。这种恐惧导致他们不敢展现自己的光芒，甚至自我限制，拒绝财富的到来。

怀着这种财富观，人们会害怕拥有财富而引来他人的嫉妒，甚至担心财富会带来灾祸，使生活变得疲惫；会长期关注他人的眼光，尤其关注他人对自己财富的评价。这种关注会削弱他们体现自身价值的欲望，让自己陷入贫乏的状态。

处于这一剧本的人会认为只有在贫乏的状态下，才能与大多数人正常交流，才能融入社会，被接受。这种恐惧让他们与财富的频率隔离开来，阻碍自己吸引和掌握财富。

我们要明白，财富的获取不是为了迎合他人，而是为了实现自己的价值和潜能。对于这种恐惧，我们需要认识到，每个人都有权力追求并享受财富。我们完全不需要削弱自身价值，不需要把自己放在贫乏的状态下，也无须担心他人的嫉妒和评价。我们需要做的是不断提升自己的财富能量，接纳财富，让财富流动到我们的生活中。

破解之法

真正的安全感和自信来自我们内心的强大，而非金钱的丰盛，更不是他人的看法。所以面对金钱恐惧剧本，我们要增强自信，面对自我。这需要我们鼓起勇气追求自己的价值，努力挖掘、实现自己的潜能，无惧他人的评价，勇敢面对生活的变化。我们需要把握住自己的生活，才能真正地成为财富的主人。

因为无论贫穷还是富裕，恐惧都可能存在。解决的关键在于正视恐惧，而非避开财富。比如，我们担心金钱会带来安全问题，担心会被人抢劫、会被人敲诈勒索。但事实上无论我们是否拥有

第六篇 财富剧本：用丰盛的内心创造财富

财富，这种恐惧都可能存在。但这种恐惧的频率会阻碍我们赚取财富。

真正的恐惧并非来自金钱本身，而是来自我们对未知的害怕，对失去安全感的恐惧。有时候，我们可能会误将这些恐惧归咎于金钱，认为是金钱带来了问题，或是贫穷导致的问题，这可能会阻止金钱流向我们。

抵御这种恐惧首先需要我们觉察恐惧，找到恐惧的源头，了解自己真正害怕的是贫穷还是富有？是被人抢劫还是失去安全感？觉察恐惧，找到恐惧的源头，我们才能更好地了解自己，才能找到克服恐惧的途径。

通过对恐惧的觉察和了解，我们可以找到克服恐惧的办法。这也是我们掌控财富的重要一步。当我们不再害怕拥有财富，不再由于恐惧而抗拒财富时，我们才有可能变成真正富有的人。

◎金钱麻烦剧本

金钱麻烦剧本的真相

一旦陷入金钱麻烦剧本当中，人们便会对拥有财富的状态感到抵触与恐惧，因为潜意识会告诉他们，财富会引来一些不必要的麻烦。比如，有些人认为有钱会被人索取，或者有钱会招来他人的嫉妒。为了避免这些麻烦,他们会选择让自己保持匮乏,放弃富有的机会。

有金钱麻烦剧本的人会过分在意他人的眼光,担心因为财富被他人嫉妒、质疑。他们为了看似和谐的人际关系,在获得财富的机遇面前,他们的潜意识会选择放弃,哪怕这意味着长期匮乏。

实际上,放弃财富并不能解决问题,反而可能会让他们陷入更多的麻烦。因为当他们选择匮乏时,会错过很多改变生活的机会,甚至会产生经济压力,使生活面临更多困扰。

金钱本身是无辜的,它只是一个工具,一种能量,既不会带来麻烦,也不会带来幸福。麻烦或幸福并非来自金钱,而是源自我们自身。金钱只是一面镜子,能映照出我们内心深处的恐惧、欲望和期望。

其实,我们能够清楚地意识到财富的增长并不会制造麻烦,只会暴露出我们的内在问题。比如,我们如何处理与他人的关系,如何对待名誉和物质欲望,如何对待自我价值和成功的定义。所有这些问题都是我们本来就需要面对的问题,金钱只是把这些问题放大,让我们无法回避而已。

破解之法

在我们的生活中,金钱的流动可能会受到许多看似与金钱无

第六篇 财富剧本：用丰盛的内心创造财富

关因素的影响。比如人际关系，当我们害怕拥有财富会破坏与周围人的关系时，实际上证明我们的人际关系存在问题，而并非与金钱有关。

很多时候，金钱只是一种催化剂，揭示出我们需要面对并解决的潜在问题。因此，我们需要重新调整视角，看清问题的本质。问题的关键并不在于我们害怕有更多金钱，而是我们需要学会如何处理人际关系，以便在拥有更多金钱的同时，也能保持良好的人际关系。

为了解决这个问题，我们需要学会设立和维护自己的边界，理解什么是真正的爱，去除内心的权威意识，并独立面对人生问题。同时，我们还需要提升自己的内在力量，保持对自己的忠诚。

人生的真理并非在于我们拥有多少金钱，而在于我们如何设立自己的边界，如何理解真正的爱，如何去除内心的权威意识，如何独立面对人生的问题，并在这一切中保持对自己的忠诚。

在这一过程中，我们会发现，金钱并不是问题的根源，问题的根源在于我们自身。一旦我们解决了这些问题，金钱就会自然而然地流向我们。所以，当我们担心金钱会带来各种麻烦时，我们需要在这个过程中深入思考，了解我们内心真正的担忧，挖掘出自己真正的需求和欲望。只有这样，我们才能真正理解金钱的价值，学会正确对待和使用金钱。

◎金钱茫然剧本

金钱茫然剧本的真相

在当今社会中，金钱被赋予了许多不同的意义。有些人将金钱视为最终目标，他们努力工作，拼命积累自己的财富，然而当他们实现目标后，却发现自己并不知道如何使用这些金钱，或者说，他们不知道自己真正想要什么，生活陷入了茫然状态。这就是所谓的"金钱茫然剧本"。

金钱茫然剧本的核心问题在于缺乏明确的生活目标，这使得个体在经济状况不佳的时候，将唯一的目标设定为赚钱。他们可能会抱有一种幻想，只要获取财富，一切问题都会迎刃而解，生活也会因此变得美好。然而，当他们真正获得财富后，往往会发现现实和预想存在较大差距。

财富并非万能，它无法解决生活中所有的问题，甚至会带来新的困扰。比如，某知名网站创始人张某，他在经历了创业成功、财富积累后，却遭遇了抑郁症的困扰。一度他的生活陷入了迷茫和困惑，因为他发现获取财富后自己的生活并没有变得更好，反而带来了更多的问题和压力。

我经常与学生分享，金钱只能购买物质的舒适，却无法购买内心的宁静和满足。金钱茫然剧本的本质在于陷入其中的人过于依赖金钱，错误地把金钱当作生活的目标，而忽略了生活本身的意义和价值。这也是为什么他们在拥有金钱后仍感到迷茫和困惑的原因。

真正的人生目标绝不是赚钱，而是实现自己的价值，找到生活的意义和乐趣。正如张朝阳在经历了财富带来的困扰后，他开始寻找自己生活的意义，不再把金钱视为生活的全部。这种转变让他从迷茫中走出来，重新找到了人生的方向。

破解之法

人生的价值并非只在于金钱，更在于我们如何去发现和创造价值，如何去享受生活带来的每一刻。在追求财富的过程中，我们需要明确自己的生活目标，树立坚定的意志力，不再将目标仅仅定在赚钱上，而是要在寻找和实现生活的真正意义中找到乐趣和满足。

金钱可以买到物质的享受，却买不到生活的意义。归根结底金钱茫然剧本的根源在于有些人过度专注于赚钱，而忽视了对生活意义的寻找。他们将赚钱视为生活的全部，甚至为了追求金钱而牺牲了自己的价值观和生活的乐趣。

这就解释了为什么有些富有的人仍然会感到焦虑，会失眠，会面临各种问题。他们的问题并不在于金钱，而在于他们失去了生活的意义，找不到自己的价值和乐趣。

为了摆脱"金钱茫然剧本",我们需要重新定位我们对生活的理解和追求。金钱只是一种工具,它可以帮助我们实现生活目标,但绝不能成为我们生活的全部。我们需要找到自己的生活意义,培养自己的价值观,寻找属于自己的生活乐趣,使自己感受到生活的幸福。

找寻生活的意义、价值和乐趣,并定位我们的动力和使命,是人生旅途中至关重要的一环。这如同一座指引我们前行的灯塔,不仅可以让我们在生活的大海中找到方向,而且能帮助我们在风雨中坚定前行,享受每一个瞬间带来的乐趣。

我们的价值和乐趣,通常源自实现自我过程中的满足感和喜悦。无论是帮助他人,还是追求自身成长,当我们投入自我,活出真我时,便能找到深深的价值和乐趣。

◎金钱不易剧本

金钱不易剧本的真相

金钱不易剧本的特点是陷入其中的个体会将获取金钱视作一件十分艰难的事情,这种信念会导致他们轻视自己的赚钱能力,或者在面对赚钱机遇时表现出遗憾的犹豫和无力。

我们的世界被信念塑造,如果我们坚信赚钱是困难的,那我

第六篇　财富剧本：用丰盛的内心创造财富

们只会创造一条充满困难的财富之路。我始终坚信，赚钱是一件容易的事，只是很多人不相信这一事实。大多数陷入金钱不易剧本的人在赚钱机遇摆在面前时，通常会浅尝辄止，或轻言放弃，因为他们的内心深处早已被打上了"赚钱难"的烙印。

如果一个人在心里已经认定自己难以赚钱，那任何再好的机会他也无法把握，因为他缺乏最基本的赚钱信心。

其实，这种观念的形成与个体的自我定位有关。当一个人认为赚钱困难时，这种思维会影响行为和能力，让自己避开所有可能带来成功的机会。这样的人生剧本只会导致深陷其中的人在赚取金钱的道路上越来越困难，因为他们的内心信念正在创造他们生活的现实。

破解之法

如果想改变这种状况，我们首先需要改变自己的信念，相信赚钱不是一件难事，将赚钱视作一件如同吃饭、睡觉一样自然而然的事情。改变这种观念后，我们才会相信自己有能力并且值得拥有财富，只有这样，才能吸引并抓住那些能够让自己变得富有的机会。

当我们破除赚钱难的观念后，就能够改变赚钱的态度。我们要认识到每个人都有赚钱的能力，赚钱不过是一种生活技能，像学习如何烹饪、如何保持健康一样，可以通过学习和实践去提升。

相信自己有能力赚钱，有能力通过自己的努力去创造财富，这种信念将会给你带来强大的动力，并帮助你在赚取财富的道路上走得更远。

◎ 金钱节省剧本

金钱节省剧本的真相

陷入金钱节省剧本当中的人，生活中会算计每一分每一毫，会把每一次消费都当作一场挑战，会用精打细算的方法尽量降低成本。每一次促销、打折都会吸引他们的目光，让他们忍不住想要消费。他们尽量避免花钱，甚至把日常生活水平降到最低，认为省的就是赚的，希望以细水长流的方式来积累财富。

在这个剧本中，生活不再是幸福体验，更不是享受，而是在算计。有金钱节省剧本的人喜欢囤积物品，总是消极解读生活情境，习惯预防最糟糕的局面，存在过度的危机感，总害怕吃亏，总感觉自己内心无比匮乏。

有金钱节省剧本的人认为金钱是一种不可再生资源，对金钱过分珍视，这种状态反而会造成他们内心的匮乏。这一状态大多源于他们曾经的经历，比如在过去的生活中，经历过贫困、拮据，所以非常恐惧再次体验类似的生活。因此，他们过分珍视金钱，同时对自己的赚钱能力缺乏信心。

这种过分算计，不仅会导致他们无法享受生活，更重要的是，他们会逐渐失去对生活的热爱以及基础的自信。

有金钱节省剧本的人要意识到，真正的财富不仅仅是金钱的数量，更是对生活的热爱，对自己的信心。只有当我们真正热爱生活，有信心面对生活时，我们才能真正拥有财富。

破解之法

在金钱节省剧本中，他们可能会过分关注价格而忽视了价值。然而，真正让生活丰富的并不是物品的价格，正是它们给我们带来的价值。正确认知物品的价值，是通过物品创造更多的财富基础，这也是富有者通过消费获取更多财富的原因。

所以，我们需要转变视角，从价格角度转向价值角度。不再只是看价格标签，而是去重新认知物品的价值，体验它们带给我们的感觉。

这种高质量的沉浸式体验，不仅能让我们更好地享受生活，也能让我们更好地理解自己。当我们从五感出发，去感受身边的一切，我们就会发现，原来生活中的每一件事物，都有它独特的价值，都能给我们带来一种特别的滋养。

不再以价格作为衡量标准，而是以自己的喜好作为指南，选择那些能够让我们快乐，让我们感到满足的物品，这才是真正的价值。

当我们不再为了计算收支而纠结，不再为了价格而犹豫，我们就能更好地享受生活。我们可以把注意力转向那些能够让我们感到快乐与满足的事物，这样我们的生活才会变得丰富且有趣。

真正的财富，是热爱生活，是对自己的信心，是敢于面对生活的勇气。我们需要摆脱金钱节省剧本的束缚，从心出发，选择自己喜欢的想要的，那我们的生活就会充满了乐趣和滋养。这就是真正的财富，也是我们真正追求的生活。

◎金钱消费剧本

金钱消费剧本的真相

金钱消费剧本是一种夸张的消费型财富剧本，陷入这一剧本当中的人们长期带有强烈的物质欲望，想要拥有很多物品，甚至包括那些并非实用性的奢侈品。这些欲望，大多源于他们内心深处的对于丰富和富足的渴望。

金钱消费剧本的特点是，陷入其中的人希望通过拥有各种物品，让自己感觉富足与满足。但事实上，物质的拥有，只能带来短暂的满足感，虽然让他们感到生活丰富多彩，但他们内心的欲望并无

第六篇 财富剧本：用丰盛的内心创造财富

法得到满足。

我们必须明白这样一个道理，真正的丰富和满足，是来源于内心的充实，而不只是物质的拥有。真正的富足，更多是精神世界的富足，只有当我们的内心富足时，我们在生活中才会真正感受到满足感，而不再依靠消费，获取更多物品来欺骗自己，让自己觉得自己很富足。

破解之法

在金钱消费剧本中深陷的人，其实在很大程度上体会到的并不是消费得到的满足感，而是一种深深的内心匮乏感。通过使用金钱，我们的确能在物质层面创造出更丰盛的生活。然而，这并不等同于创造真正的富足。物质的丰富和内心的富足是两回事，前者可能只是一种表象，而后者才是真正的丰盛。

◎金钱第一剧本

金钱第一剧本的真相

金钱第一剧本绘制的是一个金钱至上的世界，一旦陷入这一剧本当中，人们会变成金钱忠诚的信徒，看似在追求财富实则被金钱奴役。他们始终困于自我，无法发现世界的真相。为此，陷入金钱第一剧本的人宁愿透支情感，牺牲健康，甚至破坏家庭，也会追求更多金钱。金钱在这个剧本中占据着至高无上的地位，超越了生活中的一切事物。

对身陷金钱第一剧本中的人来说，赚钱已经不只是生活的目标，而是人生的全部。他们怀揣着对金钱的渴望，竭尽全力在赚钱的道路上孜孜不倦，而且无论赚取多少钱，他们永远都不会感觉满足。在这一剧本中，他们不断囤积财富，却忘记了如何利用财富去充实和滋养生活。

我时常提醒自己的学生，将自我价值与收入挂钩并不是健康的人生观。但陷入金钱第一剧本的人则认为只有赚到足够的金钱，才能证明自我价值。为此，他们开始物化自己，将自己视为赚钱的工具。

破解之法

对金钱过度追求，只会让我们失去生活的真谛。我们需要重新评估自己的生活价值，发现生活中许多美好的事物是金钱买不来的。

处于金钱第一剧本的人，时常将过多的注意力放在他人的身上，比较他人的成就、财富，而忽视自己内心世界的状态。改变这种现状的首要步骤就是将注意力从别人身上收回，重新回归自我。

第六篇 财富剧本：用丰盛的内心创造财富

我们应当专注于自己正在做的事情，深度投入，真正体验其中的乐趣。生活中的每一刻都值得我们全心全意地去体验和享受，而不只是专注于做这件事能够获取多少金钱。

此外，进行心理疗愈也是一种十分有效的自我改善方式。通过心理疗愈，我们可以更好地回归到自我，体验当下，领悟纯粹的存在。我建议发现自己陷入金钱第一剧本的人，尽量多进行一些心理疗愈，通过正确的心理引导，让自己发现如何沉浸在当下，感受自我存在的真实性和重要性。

最终，我们会发现生活的真谛不只在于金钱，更在于我们的内在体验和成长。而这也是我们破解金钱第一剧本的钥匙。

◎金钱不配得剧本

金钱不配得剧本的真相

陷入金钱不配得剧本的人，时常表现出强烈的自我否定。他们对自己的价值认同感低，甚至会拒绝接受别人的礼物，认为接受礼物会显得自己很"物质"，但没有想过自己的付出值得被珍视。或者在工作中表现得过分谦逊，让人感觉其能力低、价值低，而事实上这只是其不自信的表现。

这些人的内心深处，隐藏着一种深深的自我贬低情绪。他们总是感觉自己不值得拥有昂贵的物品，同时又担心自己的不配得引发他人的轻视。这种矛盾的焦虑感会让其处于长期的自卑状态。

陷入这一剧本的人不仅限制了自己的成长空间，也阻止了自己与他人建立健康、平等的关系。在没有学会端正自身价值观念之前，陷入金钱不配得剧本的人生活得十分纠结、痛苦，且主要依赖他人评价衡量自身的价值。

破解之法

想要跳出金钱不配得剧本，首先需要学会全然地爱自己和接受别人的善意，这是至关重要的一步。全然地爱自己，是指真实地观照自己的需求和愿望，为自己打造一个丰富、滋养的生活环境。

生活中，我们需要学会对自己温柔、仁慈，尝试去给予自己真正想要的物品和生活。当我们明白生活追求并非获取他人的肯定，而是一种自我照顾和滋养时，我们便能正确地看待自己，开启自我肯定、自我信任的成长模式。

我们要相信自己值得被善待，值得被爱。这种自我认同感和自我价值感的建立，能够帮助我们更好地面对生活，实现自我和谐与平衡。

第六篇　财富剧本：用丰盛的内心创造财富

案例分析

在众妙学堂的众多学生中，我清楚地记得一位屈先生的财富剧本，因为他是破解"金钱不易剧本"时间最短，同时财富改善效果最大的一位学员。

屈先生是一位勤奋踏实的年轻人，他在24岁开始创业，并且立志要成功。因为他的家境贫寒，从小生长在农村的他看着父母终日劳作，却只能换回微薄的收入，为了供他求学，父母不惜四处求人借钱，所以大学毕业后他决定创业，希望以此彻底改变全家的经济状况。

虽然屈先生极富激情和才华，且创业过程中勤奋努力，但4年过后其公司仍然挣扎在生存线上。他对这4年的总结是"难，创业难，赚钱更难"。与屈先生相识后，我在与其沟通中发现，他对赚钱难的理解并非源于创业，而是源于父母的影响。从小父母就告诉他，赚钱是一个艰辛的过程，想要获取更多财富就需要比他人付出更多努力，吃更多苦，受更多累。

所以，在屈先生创业初期他就已经陷入了"金钱不易剧本"，每一个项目，每一次合作，每一次业务推进，对他而言都如同翻山越岭的艰难旅程，而他自己则始终处于深深的不安和焦虑之中。

我发现，积累了4年的创业经验，他依然极度害怕自己的商业决策会为公司带来损失，害怕投资失败，害怕摆在眼前的发展机遇是危险的商业陷阱。在他的内心深处，始终认为赚钱是一件十分困难的事，所以他时刻以谨慎甚至保守的态度面对一切。

这种思维模式导致他往往错过了一些可能带来丰厚回报的商业机遇，而他自己却没有意识到这一点。当他看到其他同行或者竞争对手成功抓住了这些机遇并取得了成功时，他总会将其归结为对方运气好，而从未意识到他自己的观念才是他失败的根源。

屈先生跟随我上了几节"人生剧本"课之后，突然醒悟，原来一切问题的根源在于自身，他随即开始深入理解自己，并主动挑战金钱不易剧本。由此，他的世界开始发生变化。那段时间，他开始积极地接触新的人脉，寻找更多的商业机会，开始把原来看作风险的东西视为可能的机遇。之后，他更深入地了解市场，用更开放的心态看待商业决策，不再被害怕和犹豫所束缚，并开始更多地尊重和认可自己的努力和成就，而不是将所有的成功都归结为运气。

随着他的转变，他的公司开始发生变化，就连他的员工都感觉到他变得更自信，更有激情，也更有战略眼光了。在他的带领下，他的团队变得敢打敢拼，公司开始创新经营模式，开拓新市场，甚至开始涉足一些原来他们从未尝试过的领域。

短短一年时间，屈先生的公司取得了显著的增长，他们的产品和服务也得到了广大用户的认可。他们的成功甚至引起了一些大型投资公司的关注,他们开始主动向他的公司提供投资。

如今,屈先生的企业已经是当地小有名气的品牌,而他也以行业新锐的身份得到了更多人的赏识,获取了丰富的资源。他还会在同学群里分享自己的财富经历,帮助更多的人破解财富剧本。他用真实的经历告诉更多人,只有改变自己的观念,才能真正改变自己的生活。

尤言心语

了解自己所处的能量层级,就是察觉命运归因,从而改写自己的命运版图。

金钱会流向真正爱它的地方。

你的心灵自由,金钱才会让你更自由;反之,有钱也未必自由。

能量不足时,无法承载更多的财富,即便赚到很多钱,也会很快地散掉。

你的认知决定了你的能力和眼界,也决定了你所能到达的高度。

心怀善意,就是最快提升运气的方法。

当下过得快乐幸福才最重要,不要被人类创造的社会规则消耗一生。

能量调频,可以和高我链接,帮助你清理杂念,回归真我。

充分放松,别让大脑一直沉浸在工作中,这样才能发挥直觉中的创造力。

当你充分信任自己的第六感时,往往会有意外惊喜。

我们都能看见自己,但很难看清自己。

我们的内心作出的决定,往往比理性分析的结果更加精准。

人与人真正的差别其实就是内在能量的差别。

"努力"只是一种生活方式,我们迈出的每一步都是积累所致。

终身的修行,会让我们成为更好的自己。

思维的高度决定你的格局。人与人之间的差距本质在于认知程度的不同。

人做什么事不重要,重要的是做事的动机。高能量的动机必将带来丰盛的结果。

第七篇

成为自己的疗愈师

疗愈,能够净化灵魂,帮助我们释放或排除那些致使我们远离幸福的阻碍与干扰。随着生命的延续,每个人都会经历各种考验,迷惘、清醒、喜悦、悲伤等复杂的情绪会让我们陷入人生剧本的轮回。这时,能够带我们冲破命运桎梏,打开人生枷锁的人正是疗愈师。与其于困境中等待拯救,不如实施自我救赎。成为自己的疗愈师,改写镶嵌在命运底层的人生剧本。

世界的真相，疗愈的本质

有人说，世界是物质的。因为自然界与社会的存在和发展都是客观的。物质决定意识，世界的一切意识都是物质发展的产物，只不过客观体现到了人的大脑反应当中。自然界与社会中丰富多彩的物质构成了世界，所以世界的本质就是物质。

也有人说，世界是精神的。黑格尔站在"宇宙之外"的视角表示，世界是一个终极精神实体，"绝对精神"主导着世界的发展。黑格尔认为，如果世界不是"绝对精神"实体，那世界不会有如此丰富多彩的变化。

其实，世界是物质的，物质是运动的，运动是有规律的，规律是可以被认识的。站在世界万物运行、发展的角度思考，世界的真相可以视为能量的流动，所以你既可以从物质能量角度分析能量如何守恒，也可以从精神能量的角度思考世界如何变化。

我们再从物理学的角度出发，物质均由原子组成，在原子内部，电子围绕原子核不停运动，从而产生能量。所以人和其他所有事物，都可以视为一种能量。

对于人的能量，不同领域对其有不同的定义。科学领域将其称为能量，道家称其为"炁"，佛家将其形容成"缘"，而社会运行中，能量更多体现为"利"。

在世界发展的过程中，能量在不停流动、相互影响，不同个体之间发生着能量变化。个体能量值过低时会进入不正常状态，在生物界表现为"病"，在非生物界表现为"损坏"。解决个体能量值低的方法是疗愈，但大多数人把疗愈误认为治疗与修理。

疾病治疗与故障修理根本无法完全体现疗愈的价值，因为疾病、故障只是个体低能量的表现，治疗、修理只能缓解一时表象，而疗愈则能从根本上解决个体的低能量问题。

◎ 精神状态与身体健康

从能量的角度分析，人生种种不过是能量转化，当能量不足时，问题就会随之出现。人在低能量状态时就容易出现健康问题，疾病随之发生。现代人进行能量补充的方式大多过于片面，主要体现为针对身体症状进行消除，忽视了精神状态调整。换而言之，现代人只注重身体层面的治疗，容易忽视精神层面的疗愈。

诺贝尔生理学或医学奖得主伊丽莎白·布莱克本曾提出，人要活百岁，合理膳食占25%，其他占25%，而心理平衡的作用则占到了50%。另外，她还在论文中写道："人保持年轻的秘诀不是哀悼、担忧，或预期麻烦，而是明智认真地活在当下。"

伊丽莎白·布莱克本的理论与我国中医理论不谋而合，早在千百年前，荀子就曾说过："乐易者常寿长，忧险者常夭折。"意思正是说乐观的人往往能够长寿，悲观忧思的人更容易夭折。其中乐观的人正是指精神状态积极、健康的人。

从医学智慧中可以看出，人的精神状态与身体健康息息相关，正如我对世界真相的分析，这一个世界本就是一个精神与物质组成的整体。

目前，我国乃至世界人民的健康状态并不乐观。据媒体报道，我国精神病发病率高达17.5%，其中1%的患者为重症患者。按照14亿人口计算，我国精神病患者人数高达2.45亿人。这代表平均每5.7个人当中就存在一位精神疾病患者。

精神疾病患者的症状不仅体现在精神方面，同时反映在身体方面。人在长期压抑、焦虑的情绪下，各个器官都容易受损，其中受损最严重的是心脑血管系统。而这也是为何心脑血管疾病患者不能情绪激动的主要原因。

精神疾病是能量缺失引发的个体异常。那如何才能够帮助个体进行恢复，并确保能量正常流转呢？进行疗愈。我打造的人格能量体系也是基于能量理论拓展的疗愈方法。从人格能量层面分析，人的精神、心态、情绪属于个体可控因素，精神、心态、情绪对应能量值的高低，与自控能力有关。而人格能量正是帮助人正视自我，提升自控能力的一种心理学技巧。这一系统能有效分析、疗愈人的能量状态。

比如，面对同一种灾难，无望者、渴求者因自身人格能量不足就容易精神崩溃，引发精神疾病。但独立者、辩证者、开创者则能够控制情绪，减少精神波动，降低能量流失，确保身体健康。

◎思想的本质

思想当然也是一种能量，我在打造人格能量体系之前，曾结合心理学理论认真研究了思想的力量，并将各种研究所得总结为"心灵成像"理论。这一心理学理论主要指如何通过调节心理潜意识指引人们"心想事成"（即通过精准控制自己的潜意识来实现愿望，通过意识投射来影响外界，同时训练提升自己的感知力）。

大量研究结果表明，人的思想是一种威力巨大的能量，思想境界决定着梦想高度。

正常生活中，人的思想决定情绪，而情绪是一种极易传播的能量。情绪传播的渠道十分丰富，语言、表情、动作都可以表达情绪。

比如，当一个人思想长期消极时，他就会产生悲伤、压抑的情绪，而长期无法得到疗愈则会体现在身体健康层面。由此可见，人同样是能量的载体，只不过由多种能量构成。

语言作为情绪的表达方式，同样属于能量。比如古语云："良言一句三冬暖，恶语伤人六月寒。"这句话描述的正是语言能量传递的结果。当负面语言能量传递后，传递双方都会产生不良情绪，从而导致双方能量流失。

思想决定情绪，情绪转化为语言后也能够反映一个人的思想。这就是思想的本质，也是思想能量转化的逻辑。当一个人的思想存在负面因素时，首先体现在情绪上，之后表现在语言能量上，久而久之还会影响身体健康，这也体现了思想的强大之处。我们作为一个完整的能量体，想要控制能量流失，增强自身能量，首先要学会控制思想，所以很多人把思想能量定义为精神能量、灵魂能量。

◎人与人交往的本质

人作为独立的能量体，会不断进行能量传递、转化，而传递转化的方式是与其他能量体交往。每个人的能量都有其独特性，所以人在交往的过程中能够生成更加强大的能量场。我们常说"集体力量更大""合作能够产生1+1>2的效果"，这正是能量场的特点。能量场具有放大个体能量的作用，但本质中立。也就是说，正能量个体形成能量场后，正能量可以成倍放大；反之，负能量个体形成能量场后，负能量也会成倍放大。

现实生活中，能量场能够表现为各式各样的团体，这些团体的属性自然也能够用能量理论解释。比如，为代表国家参加比赛的运动团体。因为目标明确，为梦想倾尽全力的运动员具有强大的正能量，所以在通力合作后他们能够一次又一次超越人类极限，为国争光。

人与人交往的本质，其实就是能量交换的过程。我们每时每刻都在与他人进行能量交换，这是生活的基本规则。当我们与他人交流、交往时，便会发生能量交换，即我们的能量可以影响他人，他人的能量也可影响我们。

我想强调的是交往过程中我们需要保持正心正念，保持积极、正向的态度。因为只有积极的能量才能带给我们积极的结果。我们大脑中发出的每一个念头，每一种情绪，都会产生特定的能量，这些能量会在我们的周围形成一个能量场，影响我们的生活，以及与他人的关系。所以，我们要尽量让自己的内心充满善意、和谐和爱。正心正念，才能吸引更多正能量聚集，这样对我们自身，对生活的每一方面，都会产生积极的影响。

通过人生剧本的学习也能够发现，在交往中如果我们长期处于低能量状态，那自己的人生剧本就会充满消极元素。我们会发现，所遇到的人，所经历的事，都与自己的能量状态相吻合；反之，如果保持高能量状态，我们的人生剧本就会充满积极元素，我们就能够再遇到更积极的人，可以体验到更积极的事，而我们的生活也会充满阳光。

另外，人与人交往关系不同，能量传递、转化的方式也不同。彼此关系越亲密，能量转化的方式越复杂。比如，有些夫妻婚后家庭、事业、生活一切顺意，彼此属于相互促进，相互提升的能量传递关系；有些夫妻婚后则每况愈下，这代表两个能量体之间并没有产生良好的能量转化。双方相互消耗，导致整体能量降低，就会体现为事业、家庭、生活的不顺。

事实上，从客观角度分析，人与人交往的初期就能够感受到彼此是否合适。当你与另外一个人交往、相处后，你能够明显感到自己的事业、生活开始发生负面变化，这代表对方在吸收、消耗你的能量。无论你主观上多么青睐对方，能量场已经证明你们交往的关系不正确。

人与人交往的本质是能量的传递与转化。能量场形成后，每个人都可以通过自身的能量变化，客观判定交往关系的属性。良好的交往关系中，彼此能够互相滋养，双方能量能够同步提升；不良的交往关系中，双方或一方的能量会不断降低，在个体能量流失到一定程度后,双方的关系破裂。

◎疗愈的本质

每一位疗愈师都有自己的疗愈方法,但最终目的都是提升咨询者与求助者的能量值。

我不止一次强调,"看见即疗愈",当一个人认知自己,发现自身的问题时,疗愈已经完成一半。因为在没有认知自己、看清问题前,大多数人处于无明状态,对个人遭遇长期不解,或将所有问题归结给他人。

作为一个独立的个体,一个人出现问题时代表自身能量流失,能量值下降,他首先需要认清这一事实,之后才能找到能量流失的原因。

其实大多数人在发现自身本质的一瞬间,就已经获得了治愈效果。因为"看见"之后他们能够顺利转念,致使自己走出迷茫状态,消除痛苦。本质上,他们的痛苦并非来源于能量流失,而是不知道如何制止能量流失的现状。当一个人清楚地"看见"后,他能够迅速明确能量流失的问题,规划未来生活,进行自我疗愈,所以我才不断强调"看见即疗愈"。

"看见"的一瞬间,大多数人能够获得50%的疗愈效果,之后在相应的疗愈方法巩固下获得更多能量恢复，达到最佳的疗愈效果。因为"看见"只是发现问题，不等于完全解决问题，大多数能量过低的个体需要度过一段问题消化期。有些人在恢复过程中，由于人格能量不足还会陷入其他人生剧本，所以需要不止一次地"看见"，无数次的转念才能够达到痊愈的效果。

疗愈与心理治疗存在极大的差别。治疗是让人恢复最初的健康状态，而疗愈是一个恢复、超越的过程。大多数接受过疗愈的人都能够得到人格能量升级，不仅能走出困境，还能进入更好的状态，从而改写自己的人生剧本。

有人认为疗愈师就是心理咨询者。其实，两者虽然工作性质相似，但方式与体系不同。心理咨询师更多借用专业的心理知识进行精神分析，通过个体心理学、认知心理学、进化心理学等专业知识进行心理与精神调整。而疗愈师则是在心理咨询技术的方法上，增加了关于生命智慧课题的引导，所以效果更加突出，影响也较为深远。而疗愈师的职业素养要求也极高，不仅要熟练运用咨询技术，更是已经解决了自己的大部分人生课题，人格能量层级至少达到辩证者。优秀的疗愈师不会把这种身份当成一份糊口的职业，而是会把帮助更多人当成人生的使命。

数年来，我培养了无数优秀的疗愈师。我的学生们运用人格能量理论和人生剧本知识影响和疗愈了无数人。其中人格能量用于个体能量的纵向提升，人生剧本则帮助个体体验横向拓宽，在人格能量与人格剧本支撑下，无数低能量者得以发现自己的能量状态、人生状态，并找到解决问题、超越自我、实现理想的方法。

总体而言，疗愈的本质就是帮助能量个体恢复能量，提升能量。尤其在同学们了解了这个世界的真相，"看见"问题的本质后，大多数人能够进入一条迅速恢复、快速升级的通道。这时，我们便可以开始疗愈自己，待人格能量充足后还可以疗愈他人，疗愈世界。由此可见，人格能量和人生剧本理论的出现的确可以让世界变得更加美好。

疗愈自己，善待自己

曾有人对我说，人生很苦，自己拼尽全力看到的不过是一路荆棘、一路坎坷，回头张望时又感觉不知所措，茫然无助。所以，与其在无限的伤害中轮回，不如在原地痛苦、原地腐烂，至少自己可以轻松一些。

我很清楚，这是大多数无望者的思维。这种思维极度危险，存在这种信念时，你会在无意识状态中为自己设置许多伤害陷阱，通过自我抛弃、自我伤害的方式达到原地痛苦、原地腐烂的目的。

人生中，"最好的自己"一定在当下。无论处于哪一人格能量层级，只要转念，就能够展开疗愈；只要善待自己，就能够冲破人生剧本的束缚，获得真正的自由。

转念是人生剧本无限趋好的起点，经过能量区分与开启觉察后，一个人已经具备让人生剧本按照理想剧情发展的能力，而转念就是一切幸福剧情的开始。

转念需要我们设定一个基础原则，即人生中发生的一切事情都是好事，只有认识到这一概念才能够转念成功，而也只有帮助他人认识这一概念疗愈才能够起效。当然，这句话不是自我催眠，而是传统理论。

中国古代哲学中有一个简朴而博大的概念，名为阴阳。一阴一阳的平衡理论洞悉了世界的本质与真相。阴阳论告诉我们，世间万物均分阴阳两极，有光明必然有黑暗，有阴影必然有阳光。所以，我们经历的一切同样分为阴阳两面，一件事会给人带来伤害的同时也会给人带来帮助。

转念就是扭转自己对事物的单一认知，认识到每种事物背后隐藏的信息。当我们能够转念对待外界事物时，就会发现人生中发生的一切事情都是好事。当然，转念不是单纯的认知颠倒，它需要一定的技巧引导，才能够使人发现事物背后的信息。

人生剧本改写是一个渐变的过程，区分能量，开启觉察，进行转念或许无法立即改变生活品质，但内在疗愈效果却立竿见影。人生剧本的改写方法具有极强的渗透性，能够从个体的本质、本源进行改善，伴随着时间推进人的生活能够发生巨大变化，使人的人生掌控感逐渐形成，人生剧本随着身体、思想的变化步入正轨。

◎ 转念，就是疗愈

疗愈的本质是"看见"，而疗愈的过程是"转念"，当我们看到真正的自己之后，就能够发现痛苦的根源，这时我们进行转心、转念、转变，跳出原有人生剧本，改写未来剧情，那曾经的痛苦就会变为过眼云烟，全新的未来则会由心而生。

我相信，无论处于哪一人格能量层级的人，都有一颗向善向好之心，都希望疗愈内在的伤痛，成为生命的主人。我们不必纠结以往的得失，只要保证余生清醒，把控自己的未来，就能够获得真正的幸福。

毕竟人生一世，草木一秋，真正一帆风顺的人寥寥无几，我们得失不过是因果循环，珍惜当下才是获取未来美好的正确选择。

我们要学会与自己对话，与自己沟通，然后通过转念纠正自己的生活方式。当我们认识到真实的自己之后，就可以与遗憾和解，就能够跳出人生剧本的束缚，活出真正的自己。

转念面临的最大障碍是自身的旧有认知和经历塑造的"人生剧本"。我们的生活习惯、思维模式和情感反应往往是由曾经的"剧本"所定义，这一"剧本"是我们根据以往的经验和对世界的理解所创造的。

我们生活中的情感连接，包括家庭、友情、爱情等，都是人生

第七篇 成为自己的疗愈师

剧本的一部分。这些关系可能带来舒适，也可能带来痛苦，但这些经历的总和构成了我们的人生，使其独一无二。因此，我们应该学会欣赏这些关系，无论它们带来的是快乐还是痛苦。

将自己的人生剧本视为成长的机会，而不是束缚，可以帮助我们转念。当我们欣然接受人生剧本的影响，并用它们作为自我成长和自我认知的工具，我们的人生将进入全新阶段。正如阳光可以促使草木新绿，也可以让它们枯败，关键在于我们如何使用阳光，这就是人生的丰富。

无论如何，转念的难度在于打破已有的认知模式和生活习惯，重新定义自我，这需要时间和努力。转念需要我们正视自己的痛苦，接受自己的不完美，然后从新的角度理解自己的经历和情感。只有这样，我们才能真正摆脱旧有的人生剧本的束缚，找到属于自己的道路。

疗愈自己是一个不断延续的过程，我们需要完成很多功课，跳出诸多人生剧本，并阶段性地达成一个个结果，让自己的生活越发光明，最终照亮自己的世界。

在这一过程中，痛苦在所难免，甚至痛苦将成为我们唯一的选择。不要因为痛苦而逃避与恐惧，正如万物必分为阴阳两极，所有的痛苦背后一定藏着珍贵的礼物。痛苦的人生经历是我们打破人生认知盲区，改写人生剧本的重要基础。学会转念，我们就能够接受痛苦，悦纳自我，之后跳出原生家庭、个人经历、先天性格等各种影响，找到新的开始。

一言以蔽之，疗愈就是看见真实的自己，定位痛苦的根源，之后转变思维、态度、观点，接受现实，作出更有利于自己的选择。

◎转念，就会遇到更好的自己

人生是一场旅程，但我们时常忘记，旅程的终点并非某时或某地，而是我们自己。在这一旅程中，我们最重要的伙伴就是我们自己。然而，当我们太过专注于外在世界的忙碌和纷繁，就极容易忘记这个最基本的伙伴。

人生中，很多时候我们都需要停下来，转念一下。转念不是逃避，也不是退缩，它是愿意面对自己、理解自己、尊重自己的力量。转念之前，我们遇到的更多的是不完美的自己，是痛苦、挫败、困惑、恐惧的自己。但这样的遇见，往往就是我们遇见更好的自己的开始。

我们都是生命旅程中的独行者，正因如此我们才不能选择逃避。当我们能够直面痛苦、恐惧和困惑时，接纳它们，理解它们，就会发现更好的自己。这就是转念的力量，也是遇见更好自己的过程。

第七篇 成为自己的疗愈师

不可否认，很多人当下所处的人生剧本可能充满了曲折和坎坷，人格能量也可能正在被伤痛和困扰消耗，但只要我们愿意转念，就具备了改写这一剧本的权利，拥有了改变人生的能量。因为真正的改变，恰是从内心开始。我们不需要等待外界的改变，我们只需要转念，就能够在内心深处发现更好的自己。

转念的过程或痛苦，或艰难，或让我们的内心充满挣扎。但请相信，这些挣扎与痛苦，便是我们成长最好的见证，是我们强大、光明的垫脚石。很多时候只有面对最痛苦的挣扎，我们才能看清自己最卑微、最不堪、最懦弱的一面，并从这些负面能量中收获能量，真正学会看清自己、理解自己、爱护自己，把每一件"坏事"都转变为我们攀登的阶梯。

这如同春日阳光洒落大地，温暖而宽容，而转念就是这缕阳光，能带给我们新生的力量和希望。当我们选择转念时，我们就是在选择拥抱更好的自己。

另外，很多时候转变不会风起云涌，它是刹那间的觉醒，一瞬间我们能够获得一颗平静的心，一个坚强的态度，生活、事业、感情随之发生巨大改变。这也是生命的奇妙之处，只要我们敢于面对自己，勇于挑战自我，就能在生活的道路上留下属于自己的印记。

转念并非意味着要把过去的完全抛弃。我们的过去，无论是成功还是失败，喜悦还是痛苦，都构成了今天的我们。转念意味着，我们要用更深的理解和更全面的视角去看待自己的过去,去接受自己的过去,从而以更好的心态去面对未来。

每个人都有自己的阴影,那些我们不愿意面对的部分与害怕的部分,那些我们尝试逃避的部分。但是,只有当我们勇敢地面对自己的阴影,才能找到真正的自我,才能找到真正的光明。而转念就是这样一种力量,它能让我们有勇气去面对自己,有勇气去接受自己,有勇气去改变自己。

"转念"两个字看似简单,其实蕴含了巨大的力量。这是一种能力,一种让我们可以超越困境、超越自我、超越限制的能力。这也是一种选择,一种让我们可以选择接受、选择释放、选择疗愈的力量。最重要的是,这是一种信念,一种对生命的尊重,对自我的尊重,对未来的尊重的信念。

◎ 转念,能够看到不同的风景

所有的人都经历过诸事不顺、痛苦不堪的阶段,但总有人能够迅速扭转被动的局面,走出困境,进入全新的人生历程。其实,当我们人格能量不达标时,生活中就容易屡屡受挫,痛苦不堪,但当我们能够转念时,哪怕只是一次、一时的转念,也可能会使你遇到不同的人生风景。

正如我前面所说的万物必有阴阳，阴影不过是因为障碍阻挡了阳光。人生的潮起必然伴随着潮落，在低谷时学会转念一切就不再艰难。最怕的是我们无法看清自己，深陷负面人生剧本中无法自拔，甚至用他人的错误惩罚自己。

大学还没有毕业时，我已经开始了自己的创业之旅。当时我带领着一群充满热情、志同道合的年轻朋友一起描画自己的未来理想，那段时间生活中充满了各种挑战。

创业初期，我们的发展似乎总是不尽如人意，团队频频遭遇挫折，而且每一次的失败都使团队的士气大受打击。渐渐地，我也开始焦虑和迷茫。不止一次，我在深夜里问自己，我是否作出了错误的决定，是不是应该缩减团队，或许我一个人才能够发展得更好。

然而，在这个困境中我意识到，如果我放弃了，那就意味着放弃了我们团队的潜力，放弃了我们为梦想奋斗的机会。随后的我每天都会在挫折面前转念，试图从另一个角度去看待我们的问题。我开始明白，虽然我们缺乏经验，但我们拥有的热情和创新精神，是无数资深团队所无法复制的。

于是我开始着力于转变团队的工作模式，鼓励团队成员充分展示他们的创新精神和热情。我开始积极倾听他们的想法，鼓励他们保持热情，更加强烈地分享自己的热爱，而我也加深了心理学知识的运用，力图帮助团队从基础层面解决更多难题。

转念后，我们的团队发生了翻天覆地的变化，我们的团队得到了前所未有的认可。更重要的是我们看到了前所未有的可能。

转念的力量恰是如此，它能使我们发挥更大的潜力，创造更多的可能。一旦我们敢于转念，就能看到不一样的风景。因此，无论面临多大的困难，无论处在什么样的境地，只要勇于转念于积极的方向，我们就有可能变得更强大且更具韧性，更具适应力。

很多时候，当我们深陷泥潭、痛不欲生时，造成这种情况的原因并不是外部环境，而是我们的思维。如果我们能够转念于正向能量，大多数问题就能够迎刃而解。

其实，人生的逆境更多是因为自我的缺失，我们的一切遭遇不过是为了完善自己，而这也是我们修行的意义。转念，就是在人生中学会反思，学会正确地认知自己。转念之后你会发现，顺境、逆境都是我们蜕变的机遇，任何经历必有因果，看清自己就能够找到前行的方向。

如何成为一名合格的疗愈师

人生是一场漫长的修行，懂得疗愈之后你会发现，人生之路没有道阻且长，治愈色彩缤纷，一切经历皆是所得，一切精彩源于自我创造。疗愈，就是根据自身意愿谱写人生剧本。

◎疗愈自己，也能疗愈别人

美国催眠大师斯蒂芬·吉利根博士曾说过："当你疗愈他人时，最终也疗愈了自己。因为你疗愈的能量和语言首先要经过你自己再流向他人。"对这一理论我深有体会，同时也深切体会到，疗愈自己也能够疗愈他人。

我在丰富自己，不断提高人格能量的过程中，不仅更加深入地了解人性的多样性和复杂性，自己也得到了无数疗愈。这些疗愈的体验与感触引导我打造、完善了人格能量和人生剧本体系。我将人格能量与人生剧本理论分享给更多人，正是一个"疗愈自己，疗愈他人"的过程。

我发现,疗愈的过程就像是剥开一个个洋葱层,每一层都揭示了更深层次的情感和经历。有时候,我们可能会在某一层遇到阻力,我们可能会感到害怕,不愿意面对自己的痛苦和困扰。但是,只有勇敢地面对这些阻力,我们才能够继续前进,继续疗愈。

同时,我也发现人格能量就像是我们内在的核心,它能够引导我们走向真正的自我。当我们接触到这种能量,我们就能够找到疗愈自己的力量。

我相信,疗愈是一段旅程,它需要我们勇敢地面对自己的内心,需要我们倾听自己的心声,需要我们连接到我们的人格能量。而当我们在这个旅程中疗愈自己的同时,我们也能够帮助他人找到他们的疗愈之路。这是我对疗愈的理解,也是对天赋所在的感悟。每一次我分享人格能量和人生剧本的知识时,都是在帮助更多人"看见"自己,并走上一条"疗愈自己、疗愈他人"的道路。

我知道,当代无数人处于生命张力紧绷,内心充满挣扎与渴望的状态,无数人希望自己换一个"活法"。但大多数人无法跳出生活的束缚,认为"活法"的更换不过是一种期待与幻想。看到这一现状时,我总会想起朱建军老师在小说《药树》中写的两句话:"身体的疼痛很多时候其实是心里的苦";"有了病才会有药,才有了治愈和重生"。这两句话就是在告诉我们,看见即疗愈,生命绝境之处，必有重生的夹缝。当我们开始疗愈自己的时候，就已经开始疗愈身边人了，这其实也是换个"活法"的最佳方式。

疗愈揭示的是生命的奥秘，是人生的法则，只有疗愈发生，事物必然趋好。在疗愈的世界中，顽石也能够闪耀金色，再黑暗的森林也会被阳光穿透。

◎疗愈内心，也能疗愈全世界

其实，人生一切的苦难不过是内心伤害的外在表现，当我们回顾过去时，就会发现曾经的创伤、痛苦、挫折最终的根源都是内心的顽疾。作为一名在生活中不断修行的人，我越发感觉疗愈内心，就是疗愈人生与全世界。

我们的成长中会经历无数磨难，其中最大的磨难就是放弃真实的自己，变为父母、老师、朋友、上级期望的模样。在这种强迫性的转变中，我们的内心会受到伤害，当这些伤害积累到一定程度时，就会变成人生中的各种苦难。

痛苦、挫折在所难免，而真正的释然就是转念后的选择。如果我们在被强迫改变时转念，在保持真我前提下满足对方需求，那我们的人生就会更加顺畅。

事实上，人的行为、观念会不停传递，首要的接收者就是我们身边最亲近的人。我们可以回想，我们对物质和感情的态度，以及对生活观、价值观的态度大多受父母影响，并且很多观念会在我们心中留下深刻的烙印。这直接导致很多时候，我们在复制父母的生活，或者刻意逃避某种源自父母的生活方式。

在这种状态中，很多人选择抱怨命运，进而悲观忍受，却从未想过转念，跳出现有的人生剧本，寻找一个新的开始。一切经历皆为过往，一切过往皆是所得。我们所有的经历都不是人生积累，只要我们转变对待它的态度，人生改变随时可能发生。

正所谓滚滚红尘必然要尝尽酸甜苦辣，跌宕的人生才是真实的人生。不经历困苦如何修行成佛，不经历坎坷又哪里有一马平川。疗愈内心，就是疗愈人生，疗愈内心，疗愈世界。

每一次情绪起伏时，冷静觉察自己内心的恐惧，思考这些恐惧背后是哪些伤痛。我知道这种思维延伸会伴随很多愤怒、羞愧、伤心的情绪，但引导这些情绪宣泄出来，我们才能够看清真实的自己，实现自我疗愈。

这种自我审视能使我们观察到真正的自己，这样我们才能获得真正的平静。无法真正观察到自己的人则无法跳出负面的人生剧本。

看清真实的自己之后，我们还需要学会接受。接受那些恐惧、羞愧、痛苦的情绪。千万不要认为这些负面情绪只会对人生带来伤害,其实正是这些情绪让我们的人生得以完整。

接纳自己的负面情绪,我们才能够实现转念,内心的创伤才能真正地愈合,人生的重担才能够真正放下。关键在于我们是否愿意转换另外一种思维去看待这些内心伤害,一旦我们选择转换,那么固定的思维方式、生命模式就可以被打破,我们就能够获得新生。

疗愈内心,其实就是如此简单,但过程往往漫长而复杂。我希望更多人能够学会疗愈自己,学会看清自己,之后跳离惯性的思维模式与生活方式,直面内心的恐惧与伤痛,并转换态度作出有利于人生的选择,之后你会发现你的世界由此改变,甚至他人的世界也会因你而改变,而这就是疗愈后的破茧成蝶,涅槃重生。

我的一位学生基于人格能量和人生剧本理论,打造了一套"三步情绪转念法",如图7-1所示。我发现这套转念方法能够深度结合人格能量提升的基础逻辑,现在把这套方法分享给大家。

情绪隔离
- 看见自己的情绪并将其隔离

情绪拆解
- 通过自我提问定位不良情绪根源

转念升级
- 通过高人格能量层级思考进行转念

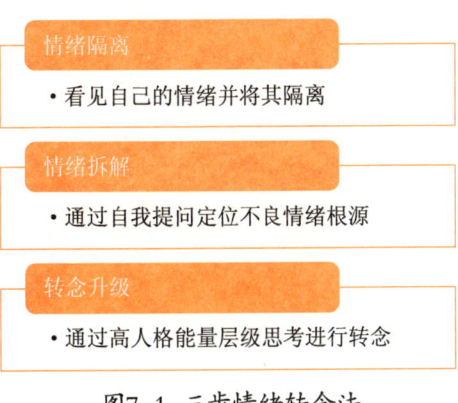

图7-1 三步情绪转念法

三步情绪转念法的第一步是"情绪隔离"。所谓情绪隔离是指我们"看见"自己当下有一个怎样的情绪，然后将其隔离，确保其不再扩大、蔓延、传播。

　　第二步是"情绪拆解"。情绪拆解是指基于人格能量理论和情绪管理方法将这种不良情绪拆解。我们可以通过几个简单的问题进行拆解。比如：我当下处于一个怎样的能量层级？我当下的情绪来源于哪里？之后我们就能够发现不良情绪的根源。

　　第三步是"转念升级"。通过我们对不良情绪的隔离与拆解，我们已经找到了自己的内在需求情绪根源以及存在的负向信念，针对这些关键进行转念，我们不仅能够有效消除不良情绪，同时能够实现人格能量的提升。

　　转念的方法也非常简单，就是站在更高的人格能量层级重新看待不良情绪。这一过程中我们可以通过提问进行思维升级。比如：如果我们是开创者会如何看待这一问题？如果我们是辩证者会如何处理这些问题？这能够使我们的情绪得到有效控制，能够使我们的人格能量获得显著提升。

第七篇　成为自己的疗愈师

尤言心语

善待出现在你生命中的所有人，他们都是来助你修行的。

不要随便给他人建议，除非他主动向你寻求帮助。

任何让你不舒服的人事物，你都要负责疗愈好他们，因为他们是你内在的投射。

和别人不一样也没关系，不是每朵花都必须长成玫瑰。

糊涂的人一生在别人身上找问题，清醒的人通过修正自己的信念创造人生。

负面频率创造不了正向结果。

你的愿望越是大爱，越是摈弃小我的自私自利，越容易实现，因为宇宙把更多资源给你，是为了通过你的手创造更多，而不是满足你的一己私欲。

"知行合一"并不是说知道了你还要去行动，而是知和行本身就是一体的，做不到说明根本不是真正知道。

第八篇

学习心得摘录：
见证彼此成长的路

我们都是一道光，照亮自己，也点亮别人

——欣蕾

　　从沉醉中觉醒，深深体验到这般的幸福与感激。如今，我生活在宁静与安详之中，一切皆与外界无涉。我知道这是发自内心的爱。我的生命之旅源于2022年9月与尤尤老师以及"人生剧本"课的邂逅。这场相遇是我生命旅程的转折点。

　　每个人在开启自我意识觉醒的道路之前，都会经历生活的磨难与挑战。我亦如此，经历了毕业后的低谷，生活的迷茫，以及内分泌失调等困扰。

　　当生活即将失控时，我学会了巧妙地刹车。通过独处、反思、阅读、锻炼和保持规律作息，我逐渐从焦虑的泥潭中解脱出来。然后，我开始探索这一切的根本原因：对某些人而言，这些经历为他们打开了一条探索灵性生活的道路。而每一个挑战都包含着珍贵的礼物，等待我们去发掘。

　　在遇见尤尤老师之前，我一直在不断地学习和接触各类圣人经典，它们在我人生道路上如同指明灯般闪耀，对我的生活产生

第八篇 学习心得摘录：见证彼此成长的路

了深远的影响。然而，当时的我还不够成熟，内心仍有未治愈的卡点，无法真正领悟和理解这些知识。这导致我的知识体系不完善，实际应用效果也不佳。我时常陷入一种无法自拔的孤独与痛苦之中，这让我深感困惑，周围没有人能给我进一步的指导。

我非常幸运，在生命中最美好的时刻遇到了优秀的导师。"人生剧本"就像是一次全面的体检，精准定位人格能量和潜在的限制性信念。7种人格能量层级和40个人生剧本，如同横、纵坐标，构成了生命的网络，360°无死角地照见内在的卡点。

内在成长过程中最困难但也是最关键的一步，就是勇敢地面对现实的黑暗和缺失。将自己的匮乏暴露在真相之下，具备破而后立的勇气，才能穿越无明，感受到生命的美意。

我对师兄师姐们心怀感激。在他们强大的能量滋养和净化下，我这棵小树苗正逐渐成长，破壳的速度迅猛。整个学习过程充满期待、喜悦、感恩，最终满载而归。

当我们真正领悟到"我是一切的根源"，愿意为自己的人生负起百分百责任时，我们才是自己生命的主宰，而不再是配角或演员。无论风浪把我们带向何方，我们都要拿回自己主人翁的力量，重塑信念，植入丰盛的信念，保持正知正见。因为我们的想法和信念时刻都在显化着人生的实相。

学完课程后，我的人格能量从"卷"王、竞争、焦虑、控制欲强的渴求者、独立者升级为包容、柔软、允许和更智慧的辩证者。

也正是到了辩证者的能量层级，我才感觉生命的河流真正流动起来了。

清理了淤堵的树枝和石块，新鲜的活水注入，如禅者般轻盈静默，流经每一条河道，流过每一个转弯口，流入那浩瀚无边的海洋。

在辩证者层级才真正悟到"柔弱胜刚强"。真正的强大不是阳刚，而是像水一样包容、灵活、柔韧，适应各种容器。宽广柔软，静默强大。

生命的河流就这么流动着，不知不觉中，就流出一条无法被定义的曲线。

尤尤老师曾说过，一个人最大的幸福感不是来源于索取，而是付出和给予。要有一颗给予的心、宽容的心，这样你就能接纳很多东西。当你给予这个世界美好的能量，它回馈给你的也是美好的东西。

我们都是一道光，照亮自己，也点亮着别人。找到心的归属，心安处，即归处。祝福每一位师弟、师妹都能早日找到回家的路，有自己的心灵归属，随心地去做自己想做的事。

越是真实越有力量，真诚地面对自己，永远保持谦卑和"空"的状态，做一名长期主义者，终身学习。

第八篇　学习心得摘录：见证彼此成长的路

感恩一切来到我身边的人和事，感恩一切的发生，都是生命的邀请。

一切都是刚刚好，一切也都是生命原本的样子。

被一束明亮的光束照亮

——长乐

在2021年4月,我有幸邂逅尤尤老师,与之相遇纯属偶然。在其指导下,我学习了"人生剧本"的课程。在此之前,我遭受了事业和感情的双重打击,加之家庭的嫌弃与误解,我的生活状况可谓糟糕透顶。

现实生活中,我是一个倾向于压抑内心、隐忍克制的人,对人生意义一知半解,迷茫与暴躁成为我生活的标签。我就像一只刺猬,表面上与人和善,笑脸相迎,但内心深处的我其实并非真正的快乐。我感觉自己陷入了"阳光型抑郁症"的困境,每逢夜深人静,便会陷入自我怀疑的情绪之中。

当我看到尤尤老师开设的"人生剧本"课程,并未立刻报名参加。由于失业,囊中羞涩,我个人又没有储蓄习惯,但并非完全无钱。出于不想乱花钱的心态,我选择克制住冲动。一个月后,我的状态确实走到了"必须自我救赎"的边缘。

那时的我极度渴望了解自己的人生剧本,想要知道我这一生

第八篇 学习心得摘录：见证彼此成长的路

将走向何方？目的地何在？哪些因素限制了我的发展？我身边的人与事物从何而来？为什么我无法收获理想中的财富？我又该如何与原生家庭相处？基于这些问题，我带着疑惑，踏上了"人生剧本"的课堂之旅。

"人生剧本"怎么样？

"人生剧本"课程其实是一门易于理解且深具启发性的课程，尽管它涉及哲学层面的思想和观点。许多深奥的内容被尤尤老师以大白话的方式解读，使得听众能够立即理解。

从一开始不了解自己的剧本，到看见自己的剧本，再到剧本中寻找限制我发展的人生卡点，这个过程需要极大的勇气，才能下定决心对自己进行深刻的反思和改变。

如果我在人生的大戏中无法觉醒，无法看见或认识到我存在的一些认知或模式，我就只能像演员一样演绎我的剧本，无法掌握自己人生的主动权。而通过学习"人生剧本"课程，我可以从演员的角色切换成导演，自己的人生怎么走、怎么过，应该由我自己说了算。

在沉浸式的学习体验中，我完成了对自我、财富、感情、健康和内在小孩的探索。尤尤老师带领我从更高维的角度审视我自己的人生，让我对自己的命运版图有了更深刻的理解和规划。我记忆犹新的是尤尤老师的那句话:"生命的意义正是在于,无论身处何处都应不辍对蜕变的渴求,对未来的探索。"我对命运的探索有了更深刻的思考。

尤尤老师总结了40个剧本,而我竟然有25个剧本与之对应。每一个剧本都似乎能对应到我身上。当时我在想:"我的天啊!真的太难为我身边的人了。"以前我从来不觉得我自己有任何问题,都是别人的问题,都是对方的错。与我对应的25个剧本,有些剧本我知道如何破解,而有些剧本像俄罗斯套娃一样一层套一层,需要不断地觉察、转变观念并付诸实践才能破解。在这个阶段,我经常在"改变"和"不改变"之间来回拉扯。

对于我自身的一些习惯和行为模式,"觉察"是第一步,也是非常重要的一步。只有当我开启了觉知、觉察,我才掌握了主动权,我才可以去修正这些念头以及做法,植入新的认知,将当下的"负念"转为"正念",用全新的模式来助力自己的成长。

学完课程给自己的生活带来的改变

在学习"人生剧本"之后,我的生活发生了显著的转变。我启动了事业的第二曲线。我正在塑造我的个人品牌,逐渐提升自己,这也影响了我周围的人变得更好。

"看见即疗愈"并非空泛的表述。无论遇到何种问题,我都能进行思维的转换,自信、价值感和安全感从内而外得到增强。我不再害怕独处,并且已经从原生家庭的伤痛中康复。做自己,爱自己,我常常感到愉悦。

现在,我和家人的关系十分和谐。目前,我和爸爸、妈妈、弟弟和弟媳共同生活。由于我的改变,我发现我的父母也发生了显著的改变,这充分验证了"你好,世界就好"的道理。尽管他们仍然会对我唠叨,但我总能看到他们背后的需求,并理解他们的情绪。我会对他们说:"爸爸妈妈,你们辛苦了。"我的父母十分开明,会尊重我的想法和做法,并且对我的学习十分支持。

最重要的是,我终于学会了"爱自己"。我看到了我的内心,学会了成为一个独立自主的人,学会了让自己变得柔软,对待身边的人不再表现出咄咄逼人的态度,声音缓和而有力。探索深层次的意识体验,让我了解了真正的人生剧本,释放出压抑的心理能量,得到自我解放,走向自我新生,绽放生命的创造力。

重启人生路

——佳丽

时间回到2019年,我遇到了改变我一生的人:尤尤老师。

人生会有很多个转折点,这些转折点里蕴藏着机遇,如果你相信,并且认真对待,那将是人生巨大的财富。

在掌握个体的生命剧本之前,我首先领悟了人格能量。彼时,我尚未确立人生目标,而且情绪不稳定。我面临父母的催婚,以及周围人的疑惑,我仿佛始终在人生的岔路口徘徊。我茫然若失,像迷失的孩子,直到遇到尤尤老师。

在学习"人生剧本"课程的过程中,我反思了我的过去,发现我具备几个明显的剧本:自我叛逆剧本、自我比较剧本、自我讨好剧本、感情独立剧本、金钱困扰剧本。我会分享我人生剧本的形成和破解方法:首先是自我叛逆剧本。我过去总是喜欢和他人对抗,反抗他人的安排,不服他们的决定。

然而,学习过课程后,我明白了,如果一个人真心去做自己喜欢的事,他的行为就不会叛逆。每个人都需要为自己的人生负责,才

第八篇 学习心得摘录:见证彼此成长的路

能给更多的人带来爱。自我比较剧本也是我童年所学,父母会比较别人家孩子的成绩,我心中产生了比较的意识。长大后,尽管父母很爱我,他们不再拿我和别人比较,但我仍有比较意识。

在学习"人生剧本"后,我才意识到,纵观整个人生,此时的胜利只是沧海一粟。最后是自我讨好剧本,尽管我性格随和洒脱,但我还是在意他人的看法,尤其是我所珍视的人的看法。

学完"人生剧本"后,我发现真正喜欢和欣赏我的人不会因为表面现象而改变看法。相反,当我们展现自己内在真实的生命力时,会吸引更多与我们同频甚至更高频的人来到我们身边。

由于我对自由的热爱和缺乏他人依赖,我无法对他人建立安全感,总是过于关注自我。曾经的一段深厚友情令我深感遗憾,直至失去它,我才意识到自己如同旁观者。在这个课题中,我想对她表示真诚的歉意。时光无法倒流,但我希望我迟到的道歉能穿越时空传达给我曾经青涩的青春。这不是弥补,而是成长的见证。

在遇见尤尤老师之前,我对自己的人生道路产生了困惑,看不到人生的价值,一直在寻找那个怀揣梦想的自己。直到我遇见尤尤老师,学习了传统文化和疗愈师,命运的齿轮开始转动,我真正踏上了疗愈师之旅。如今,源源不断的疗愈者在我的指导下学习"人生剧本"。"更多地去理解他人"成为我人生的座右铭。因为,帮助他人就是帮助自己,当我们提升能量,打破剧本,重启人生,这便是涅槃重生的起点。

以"人生剧本"为基准，我们可以清晰地看到来访者的需求，以及如何帮助他们打破剧本，成为他们想成为的人。就像这句话所说："世上只有一种成功，就是以自己喜欢的方式度过一生。"我衷心感谢老师，引导我走上创新之路。

不论人生遇到什么困难，都只是暂时的，当我们站在人生的终点看人生，一切都无法逆转。然而，当我们站在人生的起点看人生，一切都是光明的开端。

能治愈你的，从来不是时间，而是觉醒的自我拯救。了解他人的智慧，了解自己的明智，有多少执着，就有多少束缚。因此，我们要学会接受，要允许每一朵花在各自的季节绽放，要允许一切如其本来面目发生。从清理、接纳、打破、提升开始，相信未来的我们，都会在各自欢喜的人生轨道上闪耀，照亮自己的同时，照亮更多的人。

第八篇 学习心得摘录：见证彼此成长的路

当自己不能解决问题时，伸手自救

——慧慧

我最初设定的学习目标是成为稳定的辩证者和疗愈师，为自己和他人提供支持。初次见到尤尤老师时，我是一名寻求帮助的人，既有绝望，也有期待。我总是倾向于向外寻找答案，期待有人能告诉我应该怎么做。

我的原生家庭并不理想，父母已故，婚姻不幸福，亲子关系欠佳，事业遇到瓶颈，一度让我感到人生痛苦不堪。

起初，我是一个过度内耗的个体，所有的剧本几乎都被自我占据。我们首先要做的就是破除自我剧本，通过自我调整，让一切都变得更好。学习课程后，我将重心转向向内求索，从调整自己的状态开始，坚持每天早上进行正向调频，晚上写感恩日记。感恩日记对于增强我们的能量至关重要，当我们学会感恩身边的一切时，我们的能量会不断提高，从而形成正向循环。

然后，我们开始练习觉察力和觉知力。只有具备了这些能力，我们才能随时觉察自己的念头，进行修正。而转念就是转运，正确的念头会带来好运。通过持续练习，我已经具备了这些能力，并且正在持续学习中。

经过这段时间的持续学习和成长，我的内心变得强大。无论遇到什么困难，我都能保持冷静，对待事情的态度也更为积极。我不再抱怨，学会了接受一切的安排，将困难和挫折视为成长的礼物。我的亲子关系也有所改善，不再试图控制孩子，而是尊重他们的独立性。在感情方面，我学会了理解对方，不强求对方按照我的要求行事，互相尊重对方的想法。

通过学习"人格能量"和"人生剧本"，我了解到提高自身能量是解决问题的关键。

我遇到了许多渴求者和无望者，我想告诉大家，当我们认识到自己有很多卡点时，一定要伸手自救。只有这样，别人才能帮助我们。我现在非常感激尤尤老师和我的选择，幸好当初我伸手求助。

第八篇　学习心得摘录：见证彼此成长的路

无法改变过去，却能重新定义未来

——金蕾

或许我们都有过一些瞬间，想要改变命运却不知道应该怎么做。束手无策，在与日俱增的疲惫和消耗里，渐渐丧失了活力。在学习"人生剧本"课之前，我便是这种状况——我懂得很多道理，但我对自己的人生束手无策。在接触尤尤老师的"人生进化三部曲"之前，我对人生的态度是十分被动的。

我从没有想过我才是自己命运的缔造者，是自己剧本的书写者。一直以来我都有些宿命论，仿佛置身于迷雾森林，不知道去往何处，不知道该做什么，只能随着外界的要求按部就班地成长，却总是心不在焉。我不知道自己有什么价值，但我觉得自己应该也不是个废物。间歇性努力，阶段性摆烂，时而乐观，时而悲观，总是寄希望于外界的幸运，却在骨子里又不相信自己配得到这份幸运。

在前面的叙述中，已经揭示了几个在我身上产生较大影响的剧本，如迷茫剧本、孤独剧本、矛盾剧本和讨好剧本，这些剧本都存在于自我剧本之中。事实上，它们在情感、金钱和健康方面都与之有着紧密的联系。在过去的一段时间里,情感问题处理得并不理想,而健康状况也一直存在大病无、小病频发的问题。在上"人生剧本"课程之前,我的状态已经接近"绝望者"——感到委屈、抱怨、易怒,既损害了自己,也深深地伤害了家人。坦诚地说,最初学习"人生剧本"课程时,我的态度有点像"赌一赌"的心态。在这之前,我已经学习过心理学、脑科学等相关课程,冥想、瑜伽、运动等疗愈方法也都尝试过,在当时确实有效,但课程结束后我又会回归到旧有的行为模式。

回过头来看,是因为当时的学习有效果,但并没有彻底治愈,没有彻底把潜意识里的底层认知扭转过来,还是在一个表面"知道"的状态里。但尤尤老师的课程体系里有调频和社群陪伴。调频可以让我的大脑安静下来,去深入潜意识,与自己的内在对话,了解自己的剧本成因,并改写对过去认为是"创伤"的新的认知。让那些过不去的坎儿转化成了滋养自己内在力量的养分。是的,过去无法改写,如果一直定义为悲苦和伤痛,那永远都是在吸收悲苦与伤痛的养分,而看到剧本,知道剧本成因,就能够跳脱出来,用一个全新的认知重新去看待过去的经历,转化成一种别样的"财富"。

我在"人生剧本"课里真切地感受到了"爱"的能量的流动,发现自己身边其实拥有无数的爱,有心疼自己的家人,有始终陪伴的朋友,有不愿离弃的爱人。而自己却一直沉浸在"小我"中,被过

第八篇 学习心得摘录：见证彼此成长的路

去所束缚，在执念里走不出来，如一叶障目，看不到美好。

而一起学习的朋友们也都特别热心地在帮忙答疑解惑。因为我之前有透明剧本，所以我时常觉得自己是"不重要"的，但在众妙学堂的课程中，我随便的一句话都会收获暖心的回应，并没有之前上网课那种只把我当作一个"客户"的感觉。

另外，尤尤老师的引导和课程是真的"扎心"。她课程里的案例仿佛就是我和我身边的人的情况，而她充满理解和共情的答疑经常让我泪如雨下。比如，我和父亲几十年的相处问题，也是在这里解决的。我和父亲彼此是爱着的，也互相牵挂，但就是不能相处，价值观上南辕北辙，在一起就吵架。我觉得他说话太难听了，这也养成了我从小特别刚、脾气暴躁的一种性格。尤尤老师在看到我的作业时，先说的是"你是很棒的女孩子"，而父亲因为他也能量很弱，其实他希望你不要这么辛苦，他希望自己可以保护你，可是他好像不能完全做到，你的反应也比较"看不起他"，所以才会两个人明明互相牵挂，却在互相伤害。在那一瞬间，我泪如雨下，因为我从来没有想过，父亲是因为"爱我"才要对我释放负能量的。我带着新的视角再回想这些年和父亲的相处，确实，不管父亲是高兴还是不高兴，夸我还是骂我，自始至终他都是在表达"爱"，他太怕我受伤害了，但又不想完全限制我，他只想让我安安稳稳地生活。

后面我了解了，虽然改变父亲的认知和表达方式有些难，但我可以改变我自己，我不再和父亲争吵了，有冲突的时候，我会好好告诉他自己这么做的道理，或者做下去让父亲放心——告诉他我在做很靠谱的事情，并非不务正业。一段时间后，我们的父女关系好似恢复到了我小学的时候——那个时候我崇拜爸爸，爸爸是我认为最有力量的人，那时也是我们相处最和谐的时光。不过我知道，虽然看上去"回到了过去"，其实心态已经完全不一样了，回想这十几年的摩擦和争执，仿佛做了一场梦，如果没有"人生剧本"课让我及时剖析自己，洞察这一切形成的原因，我实在是不敢想，是否会造成更严重的遗憾呢？

写到这里，我又多了一个新的体悟，改写剧本，是让你回到你命运之旅的本来之路，看清楚此生最重要的事情，从而爱上自己，爱上这个美好的人世间。调整好自己的"人生剧本"，是为了活得生机勃勃，光明灿烂，感悟到主动权其实从来都是在自己的手上。

第八篇 学习心得摘录：见证彼此成长的路

让花成花，让树成树，让自己做回自己

——灵也

尤尤老师学习的契机是在2022年3月，那时我还是妥妥的无望者+渴求者，正经历着人生的低谷期。工作职场的不顺，与家人的冲突，第一次面临手术却无人陪伴，其他健康危机，感情上的崩盘，容貌焦虑等，这一切全部叠加向我涌来。

终于有一天，在和家人愤怒地通完电话后，我在马路上失控地哭出声来。

回到家后，发现尤尤老师正在直播，我便打开视频看。不久，我忽然意识到自己原本悲伤、焦躁、不安的情绪被逐渐抚平，取而代之的是心里升起了平和与宁静，还泛着淡淡的喜悦，那是源自心灵的井然有序。

当时直播是在推第一期的人格能量课，我听说学习人格能量后能精准看人识人、情绪稳定、站在更高维的视角，便立刻报了名。

在后续学习的课程中，我也尽力地学习，记笔记、思考、复盘，去悟一些东西，这使得我的进步飞速。

短短七天，我从无望者与渴求者的状态，一跃成为辩证者。我看事物的角度都发生了明显的改变，思维更加灵活；我开始能够理解一些原本无法理解的人了，也能直接看透事物的本质，而且别人的坏情绪也无法影响到我了。因为我的改变，家里的氛围也发生了变化。

若一个人没有清醒的觉知，没有调整过自己的人生状态与模式，没有任何改变，人生一眼可见尽头。

那时我每一天都很开心，都是能量满满的状态。不过，在课程结束后的将近一个月里，由于能量不稳定，没多久我又回到了渴求者。

我感觉到人生依然有一些难以突破的卡点，难以闯过的关卡，于是我开启了"人生剧本"的学习。

我最严重的便是自我剧本。童年时的生活经历，在我长大后极大地影响到我事业财富与人际感情的方方面面。

剧本与剧本之间都是会产生联动反应的。比如，我曾有典型的自我迷茫剧本，小时候被父母管得太严，也被保护得太"好"。长大后脱离控制，反而不知道该做什么了，目标感很弱，习惯躺平。

这直接影响到我在职场中，有一段时间就是做什么都会询问领导的意见，有想法也不敢直说，甚至有时候一遇到问题我就会等着别人给我答案，而不是自己解决，完全是缺乏自主意识的工作状态。

第八篇 学习心得摘录：见证彼此成长的路

　　直到有一天，在我将一个问题抛给领导后，对方终于忍无可忍地说道："既然有问题，就要想办法去解决，要动脑子。"这句话，一下点醒了我，我好像一直很被动，一直等着被别人帮助。

　　从小便是如此，因为父母会将我的一切都安排妥当，会让我走着他们为我选择的道路。因此，我的天赋天命早在年少时就被掐断，人也是被动而茫然的，更别提做回自己。

　　还有金钱不配得剧本，以前家里人总说不要麻烦他人，不要收别人的礼物，所以我的潜意识总觉得自己不值得有更好的东西，自卑，低价值感。这个剧本也被直接带进我后来的感情中，我不好意思收对方的礼物，哪怕只是一个小心意，也会在想别人是不是觉得自己物质。久而久之，这样的低位心态也使得对方开始敷衍我。

　　写到这里，其实小小地难过了一下，我想起了我的父母。童年的悲伤曾经很大地影响了我，可是我的父母，他们在小时候也曾背负着这些剧本，却没能打破这些桎梏。

　　我也曾怨怪过他们，觉得为何让我受到这么多伤害，可是当下的我却十分心疼他们，他们一路走来，真的非常不容易。

　　我想也有一些人会跟我一样，受原生家庭的影响，导致身上被埋下很多问题，且极为痛苦。但我们都长大了，比过去更加强大，我们也要为自己的人生负全责。唯有自渡，方是真渡。

　　即使过程会有一些痛苦，它需要你撕开旧有的伤口，重新面对它、上药、结痂、脱痂、再愈合——如此，我们才能更加健康，才能越发强大，才能重新发光。

很多次我由衷地感恩那段低谷期，即使起初对自己的冲击很大，但若非那段经历，我的人生无法开辟另一条道路。也是因为遭遇了低谷，依然想要变好，才能让我成长出如今的模样，不破不立，破而后立。

好事背后藏着坏事，坏事后面也能带来更多机遇，这便是我们"二元对立"世界的本质规律。东方谓之"阴阳"，西方讲"二元对立"，一切都是对立的。"阴阳转念法"也是我惯用的转念方法，即看见事物好的一面。而最后，事情也往往会沿着一个好的方向去发展。

当然，课程中教给大家的具体的转念方法也很实用，大家都可以多尝试。

这个世界是如此丰盛。过去我看人间如同无边地狱，任何一件小事都能引起我的厌世情绪，我觉得这个世间怎能这么糟，人心为何如此险恶。可是当我改变看法，转变念头，这个世界又是如此可爱。凡事发生皆有利于我，一切境随心转。这个时代对我们是如此有利，它给我们提供了无数可能。

通过"人生剧本"的学习，我的能量得到了提升，身边的人能够因我而变得更好。有一些接触我的朋友说：原本沮丧的心情，却因为跟我说了几句话，突然开心又舒服了许多，或是突然就有了什么好事。

万物不为我所有，万物皆为我所用。让花成花，让树成树，让自己做回自己。

回归内心，找到内心的静与慧

——灵竹

在我初次涉足"人生剧本"课时，我正面临人生的困境，所求不可得，所爱不可知，感觉不到爱，也无法感知到幸福，生活混乱，心情惨淡，情绪麻木，只有一颗寒冷的心。

伴随着课程的学习，生活看上去与之前无异，但心境已有了翻天覆地的改变，我开始感知到幸福、爱与温暖，我的认知得到了迭代升级，我在人生境界、灵魂层次方面不断突破，一路升级，我获得了一种如同经历十世的体验感。

在现实生活中我收获了挚友、治愈技能和职场软技能，提升了情商，并获得了自我治愈能力。当我第一次接触到人生剧本课程时，我正在学习一门纯逻辑的课程。我看到师姐发给我的"人生剧本"课简介，上面写着打开感知力，运用觉知觉察来为生活提供动力，重新认识自己，重塑自己，找到真实的自己，看到一个不一样的自己。

我从未想过一门课程会开启我与尤尤老师、与课程的缘分，这

第八篇　学习心得摘录：见证彼此成长的路

缘分已经开启，我的视野已经打开。

"人生剧本"课涵盖了自我剧本、财富剧本、情感剧本等人生全部课题。老师归纳了每个剧本的卡点，并教授了破解方法。人格能量课是一把尺子，教会我们识人、辨人和用人，给了我实打实的人生经验和阅历。

课程采用新颖的群方式产生链接，每位学员都在群里，形成一个认知度高的群体。学员们在学习中碰撞出火花，滋养灵魂。在这里，我们相互取暖，互相鼓励。我们每天在群里热火朝天地讨论生活事件、自我卡点等，互相传递着能量。老师用大爱、集体潜意识温暖着我们的内心。在群里，我们不断交流生活中的事件，打开内心，收获了一群温暖的同行者。

"人生剧本"课里说，我们的人生剧本是由先天性格+生活事件+各类学习等组成，老师用最浅显易懂的语言，完成了道的传授，术的方法。回想起来，那时候，我们的学习是相互滋养着，调动着我们全身有爱的细胞，每天最开心的事情，就是守着老师直播、学习、交流，好像回到了儿时最纯真的时候。

感恩老师，一路引领，辛苦传授，感恩乐也大师姐、十灵师姐和我可爱同修们的一路陪伴。路漫漫其修远兮，感恩此生能遇到老师、师姐、同行者，祝愿我们都能得偿所愿，平安喜乐。

很开心学弟、学妹们，一路伴随着老师学习，希望我们都能如老师所愿，回归内心，找到内心的静、慧，用一生的修行，去回馈老师的大爱，做太阳，温暖照亮身边人。

祝福老师、师姐们心愿达成，平安喜乐！

第八篇 学习心得摘录：见证彼此成长的路

拥有"爱自己的能力"和"爱他人的能力"

——韩灵川

为了事业有所成就，我不惜严重透支了"健康""亲密关系""财富"，并且"赌"自己这次一定会破局成功，因为"失败是成功之母"这句话牢牢地印在了我的脑海里。

直到某一天，我看到了尤尤老师的直播：

其实，做一件事是可以直接成功的，如果你坚信"失败很多次后才能成功"，那么你的人生就真的在不断地经历"失败"，直到哪天你"允许"自己成功了，才会迎来成功。因为"你相信的"都是"对"的。

很多人劳苦了一生，却并没能实现本质上能量层级的提升，所以最终成了一个遍体鳞伤的"老渴求者"，郁郁而终。

如果你吃不了学习的苦，就要吃生活的苦。

"坚持下去就会成功"的前提是审视自己的"发心"没有问题，老天是不会为"一己私欲"奉上"成就之力"的。

尤尤老师的话在我的脑海中盘桓了很久，每一句都让我深深地陷入了思考……

是的，一个人赚不到自己认知以外的钱。

所以，如果我无论怎样努力，结果都是大同小异，这便意味着往期积累的"经验"已然成为束缚住我的"枷锁"，需要有所突破。

正如莫言所说："不是你的能力决定了你的命运，而是你的决定改变了你的命运。"

既然我的决定没能改变我的命运，那么这意味着我做决定的"思维体系"，出问题了……

我需要接触到更高视角的"思维体系"，并在生活中身体力行，确认是否可以创造出不同于以往的"结果"。

值得庆幸的是，尤尤老师的"人格能量体系"以及"人生剧本"课程，正是我急需的"更高视角的思维体系"。看明白因果，自然也就可以创造想要的结局。

感恩我有机会与尤尤老师的"人格能量体系"以及"人生剧本"课程结缘。

我惊喜地发现，每当我变了，其他人应对我的方式也就变了，因此连带着我周围的世界一起变了。这一切变化，都发生在"我变了"的这个瞬间。这一刻，我仿佛掌握了改变世界的"魔法钥匙"，雀跃不已。

第八篇 学习心得摘录：见证彼此成长的路

"这是一项通过练习，人人都可以具备的能力。"我在心里默念着。"如果这个方法被更多的人所熟知，那每个人的人生真的会以肉眼可见的速度变得越来越美好。"我激动到无以言表！

半年时间，我"改写了"自己的"人生剧本"。

改写前，我是一位抑郁多年的"抑郁症"患者，看世界已全然没有了"颜色"。事业屡屡碰壁，怨天不公，爱情鸡飞狗跳，争吵不断，健康一落千丈，做事有心无力，个人成长迷茫没有了前进的方向，财富状态告急（虽不至于负债累累，但我看到了未来负债累累的自己）……年纪不大却已然有了"怨妇的模样"，我真的很难接受这一"事实"。

改写后，我从根源上停下了"自我内耗"的日常，怎么吃都不消化的我，体重终于开始回升了，我的身体恢复工作了。

破剧本的时候真的是一会儿哭一会儿笑，因为看到了"真相"后，会感到格外地心疼自己，然而真正的释然后，又品味到了发自心底的喜悦！

同期发生的变化，与伴侣之间无谓的消耗、猜疑"消失了"！

原来，我们一直在以"爱"的名义认真地伤害着彼此，感恩爱的包容，让我得以有空间展开深度自我觉察。

同时，我居然不知不觉中疗愈了原生家庭！

自从我不再背负他人的人生，真的轻松了好多，驼背也明显好转!

我的变化引发了父母的思考,他们无形中学习着如何展开"自我觉察"。就这样,家庭的场域从原本的"指责""嫌弃"主频率逐渐转化为了带有"包容""爱"频率的"疗愈场域"。

我不禁感慨:"真的是没有过度的期待,来的都是惊喜!"

最大的挑战,是事业。

我觉察了发心后,停掉了"不适合"自己的项目,毅然决然回归了"天赋天命"领域。破除人生剧本也正是打破各个角度"自我设限"的过程,当枷锁被一一打开,让我体会到了什么是真正的"让花成花,让树成树"。

种下一棵树最好的时间是十年前,其次是现在。

很多志同道合的新伙伴来到了我的生命中,并且我开启了全新的三条财富管道,让我找回了自己安身立命的根本。

一切拐点的出现,均需要在恰当的"节点"给予精准的"力"。

这也正是"人生剧本"最让我佩服的地方,是其十分精准地提炼出了因果关系以及破局的方法。体悟完"人生剧本"后,我发现我读懂了自己,也读懂了世界,进而滋养力十足。

"人生剧本"让我真正拥有了"爱自己的能力",进而拥有了"爱他人的能力"。

我终于不会再"好心办坏事"或者"费力不讨好"了,这份与世

第八篇　学习心得摘录：见证彼此成长的路

界互动的感觉，格外让人欣喜。

当你觉得人生如同一团纷繁杂乱的麻团，无法理出头绪，那么在研究"人生剧本"后，你会逐渐领悟出其运作的规律，将复杂问题简单化；当每次决策都让你费尽心力却无法作出决定时，通过研究"人生剧本"，你将更加清楚地认识到"放弃"的法则；当你感到每天都要应对大量的事务，每一件事都显得至关重要，忙得团团转，甚至感到沮丧时，你可以通过研究"人生剧本"来找出什么才是真正重要的；当你感到某个趋势存在问题但又无法找出原因时，研究"人生剧本"会让你清楚地知道如何找到问题的关键，并能有效地解决问题。

破除我执，学会臣服

——千晨

时光回溯到2021年，当时的我，人生充斥着小挫折与磨难，迷茫无助，找不到人生方向和前路的意义。

弱小的我很希望从外界抓取人生的光，于是找到了尤尤老师。

但向外求得的能量，终究无法长久地维持，当再次回到生活中，我依旧会感到莫名的难受。但在我那时候的认知里，这就是生活原本的样子，低落只是因为我的不接纳，对生活也没有更多期待，是进入无望者的状态了。

我在由有强烈控制欲的母亲和父亲共同营造的家庭环境中成长。父亲关注大方向，母亲则事无巨细地关照。这使我的生活如同被严密的金钟罩包围，得到全方位、无死角的呵护。然而，这种方式却令我感到束缚，我成了一个无自我驱动的人，习惯被动接受生活安排，缺乏对热爱事物的追求。

由于原生家庭的影响，我被深深封闭，内心充满不安全感。外表表现出透明，尽力避免他人关注，因为这意味着要展示真实自我，引发内心的防御机制。我无法坦诚与人交往，无法面对真实的自我。

除了原生家庭的问题，我还伴随着许多剧本，如逃避剧本、自我比较剧本、自我恐惧剧本、自我不被爱剧本和自我矛盾及孤独剧本。我在亲密关系中习惯性地压抑自己的想法，缺乏信任，内心渴望被理解、支持和鼓励，但头脑却不断地责备自己。我感到无所适从，内心矛盾，就像被扭曲成一团麻花。然而，原生家庭的创伤没有让我觉醒，之后一场婚姻家庭纠纷，再次激发了我的自我突破。

人被最缺乏、最渴求的吸引，如我被老公的家庭特质和爱吸引，但我忽略了这些是我最匮乏的，冲突最终爆发。婚后因三观差异，我与公婆产生摩擦。我因此心力交瘁，对父母产生愤恨、抱怨，试图通过冷暴力逼迫他们妥协，但父母的无回应加剧了我的创伤。我的剧本愈演愈烈，从疏远老公、公婆到疏远同事。我开始寻找解决办法，命运让我接触到尤尤老师的课程。虽然我学到了"人格能量"和"人生剧本"，但我并未解决问题，于是我进入了"家园"。

我在"家园"中体验到高能量的氛围，每天都被各种资源充分滋养，同时，我也在不断地深入理解和接纳"人格能量"和"人生剧本"课程。课程能带来全新的认知，我通过自己的问题进行探索，在瓶颈期向尤尤老师、西森老师求助。

我开始意识到，这个层次的问题很难依赖这个层次的思考解决。我放下了问题，专注于自我提升，一切在悄然变化。真正地理解和接纳需要给自己时间。我开始理解双方原生家庭的局限，看见自己对他们的控制和不接纳，看到自己的剧本投射。

原来，并不是他们在控制我，而是我一直企图控制他们。我强行干涉他们的人生，并因干涉受阻而产生憎恨，将过错归咎于他们。我意识到大错特错。直到那一刻，我突然感觉自己彻底放下了。我不再企图改变任何一方，内心不再拉扯和消耗。我跳出局外，在高处静静地看着一切发生，内心平静、安宁。

破除控制剧本后，我看到了被爱的真相，停止自我指责和抱怨。我放下嗔痴心，理解、关爱他们，用人格能量知识与不同能量层级的家人相处。我理解了渴求者妈妈的不安全感，给予她足够的安全感；我理解了独立者爸爸的骄傲和自尊，给予他足够的支持和肯定。我看到了老公和公婆的成长，他们自然而然地改变。

神奇的事情发生了——他们开始主动关心我的生活和小家庭。我也放下了过去的控制剧本。也许是他们感受到了我内心的变化，我不再是我，他们也不再是他们。也许正是因为我完成了这个功课，问题在我的世界里自动消失了。

分享小诗作为结尾：每朵花绽放前需冲破土壤，接受阳光雨露洗礼，最终绽放并滋养万物。

第八篇 学习心得摘录：见证彼此成长的路

唤醒心灵，找到自己

——任丹

大家好，我是任丹，是两个女儿的妈妈。

我首次与尤尤老师的互动始于2022年12月，那时我在抖音平台上观赏了她分享的"不老泉"视频。当时我抱着好奇心购买了不老泉调频，并参与了"人生剧本"等系列课程。

在我人生的低谷时期，我接触到了尤尤老师的课程。那个时候，我希望能够控制自己的人生剧本，试图控制我的伴侣、两个孩子。然而，这却导致我和家人关系紧张，我的伴侣甚至想要与我离婚，孩子们也因此生成了讨好型剧本。我意识到自己一直在一个圈子里徘徊，无法摆脱。在听了心灵唤醒课程后，我开始理解自己的剧本。

我深知如果自己不改变，家庭将面临破裂，孩子的成长也会受到影响。因此，我决定作出改变。尤尤老师的建议是正确的，7天的心灵唤醒社群让我从无望者晋升为渴求者，但脱离了高能量社群，我又重新陷入了绝望。之后，我加入了"家园"，每天坚持写感恩日记,得到了很多师兄、师姐的帮助,最终回到了渴望者的状态。

后来,我学习了"人格能量"和"人生剧本"课程,理论知识已经掌握,但在实际生活中却无法运用。尤尤老师指出,我们需要在生活中修行,但当时我并未理解。因为我一直在寻求他人的帮助,还未学会向内寻求。

在我回顾课程时,我的大女儿看到我在上课,便跑来问我:"妈妈,我可以和你一起学习吗?是不是因为我的原因,你才会每天都那么生气,才会发火?"听完大女儿的话,我立刻哭了。后来,尤尤老师建议我让大女儿和我一起学习。从那时起,大女儿一直在跟着我学习,我们开始学习人格能量。

学习完人格能量后,大女儿每天回家都会和我讨论她自己处于哪个层级,以及家里每个人的层级。在与大女儿的讨论中,我对人格能量有了更深刻的理解。

后来,我学习了"人生剧本"课程,发现自己成功获得了36个剧本。当我意识到这些剧本时,我为自己感到心疼。我最突出的剧本是自我迷茫,从小到大,我的生活都是父母安排好的,包括去哪里读书、选择什么样的学校和工作。渐渐地,我变得顺从。

我还有自我指责剧本,总是自己批评自己,看不到自己的优点,看不到自己有的能力,只看到自己没有的,内在无力,每天都在自己内耗自己。

第八篇　学习心得摘录：见证彼此成长的路

我总是想要将自己的观念强加在家人和孩子身上，如同每日的口头禅般重复着"你应当、你必须"，努力在他人面前保持控制欲。实际上，这背后隐藏着我内心的恐惧、焦虑和无助。

我拥有丰富多样的"人生剧本"，现在暂不一一详述，各位可以在后续的"人生剧本"课程中进行学习，通过对剧本的研究和发现，发掘属于自己的人生剧本。我和大女儿在学习人生剧本的过程中，不断发现自己的剧本，并通过转念和修改剧本，让生活实践与剧本保持一致。随着时间的推移，我渐渐在生活实践中体验到了修行的真谛。

在此之前，我从未写过感恩日记，自从跟随老师学习后，我开始撰写感恩日记。感恩的力量无比强大，当我处于辩证者层级时，因为家庭发生了一些事情，我的能量层级瞬间跌至独立者。但通过坚持写感恩日记，回顾当天发生的事情，通过转念、感恩的力量，我得以迅速回归到辩证者层级。

后来，我学习了疗愈师课程，疗愈自己和他人。在学习过程中，我发现与爱人的关系发生了变化，现在他也开始跟随我一起学习，而我也逐渐意识到周围发生的一切都与自己息息相关。通过系统地学习课程，我现在已经稳定在辩证者层级。

在遇到老师之前，我曾有过自杀的念头，生活、工作和家庭的压力让我喘不过气。我从一个绝望的无望者转变为现在的辩证者，我相信根据自己的学习节奏，稳步前进，每天进步一点点，便能取得显著的进步。

后　记
每个人的修行之路

　　人生海海，山山而川，大千世间的万物都在轮回中流转。在这个世界上，每个人、每件事，甚至我们生活中遇到的一点一滴，都是我们人生的一部分，都在协助我们完成这场生命的修行。我深深地相信，生活的每一个瞬间、每一个遭遇，都是生命中的一种讯号，旨在引导我们去理解生活的真谛，去感悟修行的奥秘。

　　"修行"，两字如此普通，然而其内涵之深，又常常被我们忽视。我们每个人，都在这生命舞台上饰演着自己的角色，走着属于自己的修行之路。而我们所要修行的，就是理解、接纳并善待我们的生命，明白一切皆是修行，过往都是所得。

　　这个世界上最美的风景，不是山川湖海的奇特布局，不是欢声笑语的秀美容颜，恰是我们内心深处的那份善念和正念。它们是我们与生命、与世界之间的桥梁，也是我们修行中最宝贵的财富。

　　每个人的修行之路都不一样，就如同每个人的人生剧本一样独特。有的人的剧本里充满了喜悦和欢笑，有的人的剧本里则充满了痛苦和挣扎。但是无论我们的剧本是什么样的，我们都必须去接纳它，去疗愈它，然后在这个过程中找到真正的自我。

我们的人生剧本没有所谓的好坏之分。每一个剧本，无论它是多么痛苦，多么折磨，都是我们内心自我保护机制的体现，是我们内心防备状态形成的人生定式也是我们生命的一部分，是我们修行的一部分。

有时候，我们会遇到一些处于低能量状态的人，他们可能会因为各种原因，比如压力、失望或者恐惧而陷入一种负面的人生剧本中。比如，那些深陷于"金钱万恶剧本"的人，他们可能是因为对生活的无望，对未来的恐惧，对现实的不满，而选择了这样的防御机制。他们可能在某种程度上认为金钱是所有痛苦和困扰的源头，进而形成了这样的人生剧本。

但是，这并不意味着他们的人生剧本就是坏的。相反，这只是他们内心自我保护的一种方式，是他们试图逃避痛苦，试图寻找安慰的一种方式。他们的剧本并不需要我们去评判，而是需要我们去理解，去接纳，去疗愈。

无论我们的人生剧本如何，我们都有自己的修行之路。只要我们有善念和善心，只要我们愿意理解，愿意接纳，那我们就一定能够疗愈自己，疗愈他人。

每个人的剧本都是独一无二的，无论剧本如何，我们都不应该

后记 每个人的修行之路

感到恐惧,不应该感到无望。因为,每一个剧本都是我们生命的一部分,都是我们修行的一部分,都是我们疗愈的一部分。

所以,我想说,无论你的生命旅程有多么坎坷,只要你有善念和善心,只要你愿意理解,愿意接纳,那你就一定能够找到属于自己的修行之路,就一定能够疗愈自己,疗愈他人。

这条修行之路会伴随着我们的生命通向遥远的终点。请相信,当下的每一步都是必要的,都是有意义的。因为,每一步都是我们生命的一部分,都是我们修行的一部分,都是我们与生命和谐共处的一部分。

在此,我想对每一个正在阅读本书的人送上最深的祝福。我希望你们每一个人都能找到自己的修行之路,都能了解并接受自己的人生剧本,都能感悟到生命中的每一个瞬间、每一次遭遇都是生命在帮助我们修行,并在生活中修行,收获人生的圆满。

正如生命的每一个瞬间,都是一次修行的机会,都是一次疗愈的机会。每一个微笑,每一滴眼泪,每一次挫折,每一次胜利,都是生命赋予我们的礼物,都是生命帮助我们修行的方式。当我们接纳这些,当我们珍视这些,我们就已经在修行了,就已经在疗愈了。

修行并不是要我们舍弃世俗,放弃享乐,而是要我们以更宽阔的视野,更深厚的理解,去接纳和疗愈生活的每一刻。修行,就是一种生活的艺术,一种生命的智慧,一种人生的哲学。

当我们逐渐疗愈自己的创伤，找到自己的修行之路，我们便拥有了更强大的能量去感染和帮助他人。疗愈不只是对有需求的人付出与帮助，它更是一个积极的行动，是我们不断用自己的存在去温暖他人，去照亮别人的过程。我们的每一个善行、每一次帮助，都会如同涟漪般，从我们这里开始，逐渐扩散，影响更多的人。

只要我们坚持用正向的能量去影响身边的人，这份能量就能够形成一阵波浪，一股潮流，在更大的江河湖海中涌动。而每一个被我们感动的人，都可能成为下一个帮助他人的使者，使得这份正能量在世界中传递、流淌。如果你也在书中有所收获，请把这本书分享给你关心的人，让能量流动起来。

希望每一位读到这本书的朋友，都能感受到生活的美好、修行的价值，以及疗愈的力量，并将这份力量和大爱分享给更多的人。让我们共同努力，驱散更多人的内心黑暗，让每一个角落都被照亮。